artefaCToS
revista de estudios sobre la ciencia y la tecnología

artefaCToS

revista de estudios sobre la ciencia y la tecnología

eISSN 1989-3612

Vol. 7, No. 1 (2018), 2ª Época

Ediciones Universidad
Salamanca

Artefactos. Revista de estudios de la ciencia y la tecnología
eISSN: 1989-3612
http://revistas.usal.es/index.php/artefactos/index

INSTITUTO DE ESTUDIOS DE LA CIENCIA Y LA TECNOLOGÍA
Universidad de Salamanca
Edificio I+D+i, Calle Espejo Nº 2, 37007, Salamanca, España
Teléfono: +34 923 294 834 – Email: artefactos@usal.es

EDICIONES UNIVERSIDAD DE SALAMANCA
OJS - EUSAL Revistas
Plaza de San Benito s/n, 37008, Salamanca, España
Teléfono: +34 923 294 598

ArtefaCToS. Revista de estudios de la ciencia y la tecnología

eISSN: 1989-3612

Vol. 7, No. 1 (2018), 2ª Época

Índice

Reseña

ArtefaCToS. Journal of Science and Technology Studies

eISSN: 1989-3612

Vol. 7, No. 1 (2018), 2nd Stage

Index

REVIEW

ArtefaCToS. Revista de estudios de la ciencia y la tecnología
eISSN: 1989-3612
Vol. 7, No. 1 (2018), 2ª Época, 9-10

Editorial

Este volumen inaugura una 'Segunda Etapa' de la *Revista Artefactos*. En ella queremos dar espacio a una nueva forma de reflexionar sobre la ciencia y la tecnología que no solo tiene en cuenta los aspectos epistemológicos u ontológicos, sino que también tiene presente la importancia que los entornos sociales, culturales o económicos tienen sobre la ciencia y la tecnología contemporáneas, así como la influencia que estas a su vez ejercen sobre la sociedad. Ello no significa que *Artefactos* se encuadre entre las publicaciones de *estudios sociales de la ciencia* al uso. Creemos que los problemas "sociales" también deben abordarse desde la filosofía, entrecruzándose en su estudio, como de hecho lo hacen, problemas epistémicos tradicionales con el análisis de otros factores que también intervienen en la forma en la que se hacen la ciencia y la tecnología.

Por otro lado, nos consta que publicar en revistas de impacto se ha convertido en una de las tareas más importantes entre los académicos e investigadores para desarrollar su carrera. Aún siendo conscientes de las debilidades del sistema de clasificación de las publicaciones científicas, de sus posibles sesgos idiomáticos, culturales o geográficos, estamos de acuerdo en que debe existir algún tipo de criterio que asegure la calidad de la investigación. Uno de los objetivos del equipo editorial en esta segunda etapa es, en un lapso de tiempo lo más corto posible, conseguir acceder a las bases de datos internacionales y situar a *Artefactos* entre las revistas de referencia en su ámbito.

Además, *Artefactos* quiere ocupar otro espacio, el de las revistas académicas que publican en otros idiomas diferentes del inglés. Este idioma se ha convertido en la lengua franca de la comunicación científica, garantizando la posibilidad de comunicación entre la comunidad filosófica internacional. Sin embargo, hay razones de peso para apostar también por el uso del español: en primer lugar, la especificidad retórica de nuestro idioma, que algunas veces se pierde cuando vertemos en inglés nuestras reflexiones; y en segundo lugar, si tenemos en cuenta los problemas sociales relacionados con la ciencia y la tecnología, muchos de ellos pueden ser específicos de áreas geográficas y culturales de países hispanohablantes, de manera que los artículos serán fundamentalmente de interés para esta comunidad. Y lo mismo puede extrapolase para el portugués, ya que estas razones son compartidas por los países lusófonos.

Los artículos publicados en este número son una buena muestra del cambio de enfoque que señalamos más arriba. Se combinan, por un lado, los estudios de corte tradicional, como el de Olimpia Lombardi y Juan Martínez, con aquellos que entrarían en el ámbito de los estudios sociales, tal como sería el caso de artí-culo de Jesús Zamora Bonilla, y también aquellos donde se entrecruzan cuestio-nes epistémicas con el análisis de los factores sociales, como es el caso del artículo de David Casacuberta, Anna Estany y Dafne Muntanyola.

Eduard Aibar aborda la influencia de las políticas neoliberales en los métodos, objetos y productos de la actividad científica. David Casacuberta, Dafne Mun-tanyola y Anna Estany aplican la epistemología naturalizada a un caso prácti-co, el de la natación sincronizada donde interaccionan factores sociales, recursos materiales y modelos conceptuales. Por su parte, Wenceslao González realiza un estudio desde la filosofía de la tecnología en clave epistemológica aplicada al caso de internet, empleando recursos de las ciencias de la complejidad. Jorge Linares expone los cuatro principios fundamentales de una ética que evalúe los efectos del poder tecnológico: responsabilidad social, precaución, justicia distributiva y autonomía individual y comunitaria. Olimpia Lombardi propone un nuevo enfoque en el análisis de la irreversibilidad en clave interteórica e intrateórica. Eulalia Pérez Sedeño analiza el impacto de las políticas públicas implementadas en los últimos años en España sobre los indicadores de género en el mundo de la investigación. Jesús Zamora Bonilla propone un enfoque de los estudios sociales de la ciencia basado en la aplicación de la teoría de juegos al análisis de las inte-racciones e instituciones científicas. Miguel Zapata analiza las tesis filosóficas de Jean Pierre Dupuy y Paul Virilio sobre el miedo que generan las consecuencias negativas derivadas de la puesta en marcha de algunos de los sistemas tecnológi-cos que dan forma al mundo contemporáneo. Y, por último, Olga Pombo nos sitúa en un marco común, el de la docencia de la filosofía que todos tenemos que afrontar.

Confiamos en que estos artículos sean de interés y generen una inercia dentro de esta segunda etapa de la revista *Artefactos* y animamos a los investigadores in-teresados a que envíen originales para su evaluación y publicación.

Ana CUEVAS BADALLO
Obdulia TORRES GONZÁLEZ

Directoras
Revista ArtefaCToS

In memoriam Amparo Gómez Rodríguez

Queremos dedicar este número de la revista *ArtefaCToS* a la memoria de nuestra amiga y colega Amparo Gómez Rodríguez que apoyó este proyecto desde su inicio y con cuyo consejo siempre pudimos contar.

Amparo, te echaremos de menos.

El Equipo Editorial

ArtefaCToS. Revista de estudios de la ciencia y la tecnología
eISSN: 1989-3612
Vol. 7, No. 1 (2018), 2ª Época, 13-28
DOI: http://dx.doi.org/10.14201/art2018711328

La transformación neoliberal de la ciencia: El caso de las Humanidades Digitales

The Neoliberal Transformation of Science: The Case of Digital Humanities

Eduard AIBAR PUENTES
Universitat Oberta de Catalunya, España
caibar@uoc.edu

Recibido: 12/12/2017. Revisado: 20/12/2017. Aceptado: 27/12/2017

Resumen

Los impactos de las políticas y prácticas neoliberales están produciendo la transformación más importante de la ciencia y la academia contemporáneas desde mediados del s. XX. Las políticas científicas neoliberales han puesto el énfasis más en la creación de valor comercial que en la consecución del bienestar social o en la generación de conocimiento; se ha fomentado el uso de patentes más que la difusión abierta del conocimiento y se ha promovido la inversión privada en las universidades y en los proyectos de investigación desarrollados por sus investigadores, con objeto de favorecer aquellas líneas de investigación de mayor aplicación comercial y, por tanto, con mayores expectativas de retorno económico. Este trabajo ofrece, por un lado, una panorámica sintética y estructurada de estas transformaciones, haciendo especial hincapié en aquellos cambios que afectan a los métodos, objetos y productos de la actividad científica. La literatura existente sobre estos temas centra su atención, preferentemente, en las ciencias naturales o "duras" como el ámbito biomédico, así que el segundo objetivo de este trabajo es discutir la emergencia de este tipo de fenómenos en un ámbito mucho menos estudiado: el de las humanidades. En particular nos centraremos en el terreno de las denominadas 'humanidades digitales'.

Palabras clave: neoliberalismo; mercantilización del conocimiento; privatización de la ciencia; tecnocentrismo; neutralidad de los datos.

Abstract

The impacts of neoliberal policies and practices are producing the most important transformation of contemporary science and academia since the mid twentieth century. Neoliberal scientific policies have placed more emphasis on the creation of commercial value than on the achievement of social welfare or the generation of knowledge; the use of patents has been encouraged more than the open dissemination of knowledge and private investment has been promoted in universities and research projects developed by its researchers, in order to favour those lines of research of greater commercial application and with higher expectations of economic return. This work offers, on the one hand, a synthetic and structured overview of these transformations, with special emphasis on those changes that affect the methods, objects and products of scientific activity. The existing literature on these topics focuses, preferably, on the natural or "hard" sciences —particularly on biomedicine— so the second objective of this work is to discuss the emergence of this type of phenomena in a much less studied area: the humanities. In particular, we will focus on the so-called 'digital humanities'.

Keywords: *Neoliberalism; Commodification of Knowledge; Privatization of Science; Tecnocentrism; Data Neutrality.*

1. Introducción

El neoliberalismo constituye tanto una ideología como un conjunto de prácticas, fundamentalmente económicas y políticas, que está marcando el devenir de las sociedades contemporáneas desde la década de los 80 del siglo pasado y definiendo la nueva versión del capitalismo en la era de la globalización. A diferencia de la visión liberal, en que el mercado se entiende por oposición al Estado, en el paradigma neoliberal el objetivo es introducir la lógica del mercado —la *competencia*— en todos los ámbitos sociales; no sólo en el económico o productivo, sino en la educación, la cultura, los servicios públicos o la propia experiencia vital. Una tarea para la cual el Estado y las administraciones públicas devienen instrumentos esenciales (Dardot y Laval, 2014; Foucault, 2009).

El liberalismo promueve una retirada (mayor o menor, según las versiones más o menos socialdemócratas de que se trate) del Estado frente al mercado —mediante la privatización de los servicios y bienes públicos, fundamentalmente. Para el neoliberalismo, en cambio, aunque también se apoyan e incentivan los procesos de privatización, lo esencial es la extensión de la lógica del mercado a toda la vida social, incluyendo al propio Estado. No se trata, por lo tanto, del simple *laissez faire* o de limitar la intervención del Estado en la economía, sino de facilitar la intervención política para introducir la lógica de la competencia en todos los ámbitos posibles y reconfigurar, así, las relaciones sociales y económicas. El Estado deja de ser ese mecanismo casi residual que únicamente debe paliar los efectos sociales nocivos del mercado, para devenir un agente poderoso que debe anular los mecanismos anticompetitivos de la sociedad. El mercado, además, no es ya una institución espontánea o natural: es un ente artificial que debe ser creado y modelado políticamente de forma incesante. No es un mero lugar de intercambio de mercancías, sino un *procesador de información*: es, por encima de todo, un mercado de ideas y, por tanto, también ¡un fenómeno epistémico!

La unidad morfológica básica de la sociedad neoliberal es la *empresa*. Se trata, por lo tanto, de construir una trama social en que las unidades fundamentales tengan la forma de la empresa o se comporten y funcionen como si lo fueran. La familia, la universidad, la escuela, el teatro, etc., deben gestionarse como empresas y sus agentes —madres profesoras, investigadoras, creadoras, etc.— han de devenir empresarias o *emprendedoras*. El componente subjetivo del neoliberalismo se muestra en la figura del emprendedor —y no la del mercader o la del consumidor— que se ve a sí mismo como empresa-marca, como empresario de sí mismo y que adopta como valores esenciales la flexibilidad y la capacidad de adaptación (frente a los cambios del mercado), la destreza para venderse y la habilidad para competir. Como dijo una vez Margaret Thatcher "*economics are the method: the object is to change the soul*".

2. Ciencia y neoliberalismo

La pregunta que se han planteado diferentes autores (principalmente desde los estudios de ciencia y tecnología, STS) es si el neoliberalismo está afectando de alguna manera a la ciencia contemporánea. La tesis básica de investigadores como Philip Mirowski (2011) es que no sólo la está afectando, sino que, de hecho, hemos entrado desde principios de los 80, en una nueva fase histórica en la organización de la ciencia y de sus relaciones, con la industria, las finanzas y el Estado.

Las transformaciones a que nos referimos han sido conceptualizadas durante los últimos años con expresiones como *capitalismo académico*, *academia acelerada*, *capitalismo cognitivo*, *universidad-empresa* o *ciencia neoliberal*. Todas ellas ponen el énfasis, por un lado, en la creciente subordinación de la ciencia a los intereses privados (principalmente, de empresas y grandes corporaciones) y, por otro, a la reestructuración de la actividad científica en base a la lógica de la competencia y a la comercialización de sus resultados (Pellizzoni y Ylönen, 2012; Pestre, 2003; Radder, 2010; Lave, Mirowski & Randalls, 2010).

Es necesario recordar, en este sentido, que más de dos tercios de la investigación científica actuales son de carácter privado (OECD, 2015): o bien se llevan a cabo en el seno de empresas y organismos privados, o se desarrollan, con fondos privados, dentro de instituciones públicas como las universidades (a través de investigación contratada, doctorados industriales, convenios de colaboración con empresas, etc.). De hecho, se observa un decrecimiento continuo en la financiación pública de la investigación durante las últimas tres décadas. El equilibrio entre ciencia pública y privada, que existió a lo largo de la mayor parte del siglo XX, se ha roto en beneficio de la segunda (David, 2004) y hay que tener en cuenta que la ciencia privada es, en gran parte, ciencia *propietaria* y *cerrada*, es decir, que no permite el acceso libre a sus contenidos o resultados, ni su posterior reutilización.

La transformación neoliberal de la ciencia contemporánea afecta especialmente a las universidades, que se conciben y gestionan, cada vez más, como empresas o corporaciones multinacionales (Halffman y Radder, 2015). Los organismos de decisión y de poder en la universidad están pasando del sector académico al administrativo — en EE.UU. desde el 2006, por ejemplo, el porcentaje de personal fijo en el sector administrativo supera al académico en la mayoría de las universidades y, en éste, se aprecia una creciente polarización entre una pequeña élite de profesores bien pagados y con recursos y una mayoría de personal académico precarizado y sin apenas recursos. Se está produciendo, igualmente, una separación creciente entre la función universitaria docente y la investigadora. Las universidades compiten entre sí por captar estudiantes (tratados como "clientes"), las titulaciones se consideran 'productos' a comercializar y el lenguaje y las técnicas propias del *management* inundan todos los rincones de la academia.

3. La privatización de la ciencia

La privatización del conocimiento científico se ha facilitado y acelerado, principalmente, a través del fortalecimiento de las leyes de *propiedad intelectual*. Se están privatizando, no sólo los resultados, sino las herramientas e instrumentos de investigación (tests, procedimientos de medida, etc.): durante el período 1990-2004 la mitad de las patentes en biotecnología en EE.UU. eran ya de este segundo tipo (Mirowski, 2011).

En general se observa una progresiva subordinación de la investigación a intereses empresariales privados —una situación especialmente notable en el ámbito biomédico. Por poner sólo dos ejemplos, la prestigiosa revista *New England Journal of Medicine* retiró en 2002 su estricta política sobre el *conflicto de intereses* por la dificultad creciente de encontrar revisores, para artículos sobre nuevos medicamentos, sin vínculos con la industria farmacéutica. Los denominados *autores fantasma* —científicos que, a cambio de una suma de dinero, ceden su firma sin haber participado en la investigación— aparecen ya en más del 40 % de este tipo de artículos que devienen, por tanto, verdaderos publirreportajes más que verdaderos estudios científicos (Sismondo, 2009).

El discurso y la lógica del *emprendimiento* han colonizado el seno de la investigación académica (Quintanilla, 2012). Las instituciones académicas y los gobiernos promueven cada vez más, la creación de *start-ups*, *spin-offs* y los contratos con empresas en el entorno científico. El investigador deviene emprendedor/empresario/gestor —las universidades organizan continuamente cursos de formación para ello— y dedica cada vez más tiempo a promocionar su "propia marca" a través de las redes sociales privadas (Twitter, Facebook, etc.) o de las nuevas redes sociales "académicas" (Research.Gate, Academia.edu, Mendeley, etc.), también privadas. El mundo de la publicación académica está también fuertemente privatizado. Unas pocas empresas multinacionales (Elsevier, Springer, Wiley-Blackwell, Taylor & Francis y Sage) controlan más de la mitad de revistas científicas en todo el mundo —hasta hace pocas décadas en manos de sociedades científicas— y obtienen márgenes de beneficio que rondan el 40%. Su modelo de negocio se basa en no remunerar el trabajo de las autoras y revisoras (investigadoras todas ellas) y en cobrar subscripciones, cada vez más caras, a las instituciones académicas en que trabajan. Esta lucrativa industria está incluso utilizando la actual demanda de *Open Access* para obtener aún más ingresos (Aibar, 2014).

4. Cambios en la naturaleza del conocimiento científico

La transformación neoliberal de la ciencia no sólo afecta a sus aspectos institucionales, sino que está teniendo un fuerte impacto en el mismo conocimiento científico: en su contenido, en sus métodos y en su orientación. Los procesos de mercantilización han tendido a favorecer los enfoques reduccionistas en biología, por encima de aquellos más holísticos. Con el fin de fomentar el control comercial sobre la innovación biológica y las herramientas de investigación, es necesario que la teoría identifique objetos discretos que puedan someterse a propiedad privada. Aquellas combinaciones de teoría y estudio empírico que, en cambio, enfatizan la complejidad y las interrelaciones entre fenómenos, resultan menos atrayentes bajo este prisma (Fochler, 2016; Mirowski, 2011).

El impacto es también notable en la selección de temas y objetos de investigación. Es conocido el caso de la investigación sobre nuevos medicamentos: se dedica cada vez más esfuerzo y financiación a encontrar curas y tratamientos para las enfermedades que afectan a los habitantes de países ricos y mucho menos a las enfermedades tropicales, que afectan a una población mucho mayor pero que habita países pobres —las denominadas enfermedades *huérfanas*. Otro fenómeno relacionado se observa en la presión que los lobbies farmacéuticos ejercen sobre los centros de investigación y los organismos regulativos, con objeto de reclasificar lo que hasta hace poco se consideraban simplemente estados o trastornos de la salud, como enfermedades e incluso epidemias que puedan ser, por lo tanto, medicalizadas más fácilmente y devenir objeto de tratamientos farmacológicos (Greenhalgh, 2016).

Los estudios de diversos historiadores de la ciencia han puesto de manifiesto desde hace tiempo que el hecho de que Galileo trabajara sucesivamente para una universidad, a continuación, para la República de Venecia y, finalmente, en la corte del Gran Duque de la Toscana, tuvo una influencia directa en el tipo de conocimiento que produjo en cada etapa: en los objetivos y temas que persiguió y en los métodos y aproximaciones que utilizó (Biagoili, 1993; Pestre, 2005). La transformación neoliberal de la ciencia contemporánea es, análogamente, mucho más que un simple cambio en el modelo de financiación de la ciencia y está incidiendo de forma notoria sobre sus contenidos, sobre el propio conocimiento científico: desde sus métodos hasta sus resultados.

En el origen de las distintas fases históricas de la organización de la ciencia siempre ha habido un ámbito científico que ha actuado como punta de lanza o pionero del cambio. En la etapa de profesionalización de la ciencia, a finales del XIX, fueron la química y la ingeniería eléctrica; en la etapa de la guerra fría y el origen de la *big science* lo fue la física. El giro reciente hacia la privatización está, sin duda, liderado por el ámbito biomédico. La necesidad de reconfigurar la investigación con el fin de producir resultados en forma de elementos discretos comercializables está afectando, por encima de todo, al ámbito biomédico y es en este terreno donde se están realizando la mayoría de estudios y análisis para averiguar el alcance y trascendencia de estas transformaciones. En cambio, las ciencias sociales y las humanidades han recibido mucha menos atención, posiblemente porque tradicionalmente han tenido vínculos menos intensos con el ámbito productivo y la actividad económica. En este trabajo nos centraremos en el ámbito de las denominadas Humanidades Digitales.

Aunque, como veremos, se trata éste de un ámbito difícil de caracterizar, de aparición reciente —bajo esa denominación— y que incluye contribuciones muy diversas, es posible identificar algunos elementos y rasgos recurrentes que son característicos de la transformación neoliberal de la ciencia contemporánea en otras áreas. No se trata, evidentemente, de una tendencia que afecte a la totalidad de iniciativas y desarrollos de las Humanidades Digitales, pero sí que resulta suficientemente patente en muchos discursos programáticos, como para ser tenida en cuenta.

5. ¿Humanidades digitales o estudios literarios digitales?

Es difícil entender qué son las Humanidades Digitales. Algunos autores no dudan en considerar el término como una de esas expresiones de moda (*buzzwords*) que se repiten constantemente, connotando modernidad o innovación, pero que en realidad no tienen un contenido claro ni definen un área de investigación o trabajo académico específico (Svensson, 2010). Si se analizan los títulos de los trabajos que se presentan en congresos o publicaciones bajo el emblema de Humanidades Digitales, la tremenda dispersión temática es lo primero que salta a la vista. Más que un conjunto coherente de prácticas, uno tiene la impresión de observar una amalgama heterogénea de experiencias sin más coherencia que una cierta intersección entre temas o cuestiones vagamente humanísticas y cualquier desarrollo técnico digital. El significado del término parece poder incluir prácticamente cualquier cosa, "from media studies to electronic art, from data mining to edutech, from scholarly editing to anarchic blogging, while inviting code junkies, digital artists, standards wonks, transhumanists, game theorist s, free culture advocates, archivists, librarians, and edupunks under its capacious canvas" (Ramsay, 2013, 239).

Esta indefinición contrasta con la efervescencia de eventos (congresos, seminarios, cursos) e incluso desarrollos institucionales (departamentos, centros y grupos de investigación) que han utilizado ese término en los últimos años. A pesar de la sempiterna crisis de las humanidades, las Humanidades Digitales parecen un área floreciente que vive al margen de los recortes públicos y las restricciones presupuestarias de los últimos años y que, muy al contrario, parece haberse convertido en una verdadera industria de iniciativas y proyectos de todo tipo. Resulta sintomático, en ese sentido, que una de las pocas convocatorias abiertas para proyectos de investigación que subsisten en Cataluña, el programa Recercaixa, financiado enteramente por la entidad bancaria Caixabank y que sólo mantiene dos líneas temáticas en el terreno de las humanidades, destine una de ellas a las Humanidades Digitales — la otra es para la filosofía.

A pesar de la indefinición que se constata al examinar proyectos o textos que se autoadscriben al terreno de las Humanidades Digitales, existen muchos trabajos académicos en el área que comienzan ofreciendo alguna forma de definición o caracterización más o menos precisa. Una de las que aparece de manera más frecuente identifica dos elementos básicos. Por un lado, la *aplicación de herramientas digitales a las humanidades* y, por otro, la *reflexión sobre la tecnología* —sobre los cambios sociales y culturales que causa— *desde las humanidades* (Svensson, 2010; Rodríguez Yunta 2014, 453).

Después de haber examinado muchas comunicaciones presentadas en diversos congresos del ámbito, documentos programáticos de instituciones relevantes, artículos y proyectos destacados por los mismos promotores y representantes del campo, hay que señalar un par de cosas importantes de esta definición. A pesar de lo que muchos discursos programáticos sugieren, las Humanidades Digitales no incluyen a "todas" las humanidades, ni siquiera a una mayoría; es más, ámbitos humanísticos tan importantes como la filosofía no acostumbran a tener ningún tipo de presencia y si la tienen es residual. La gran mayoría de contribuciones provienen, de hecho, de un único ámbito, los *estudios literarios* —y, por ello, los grandes profetas y apologetas, así como sus precursores iniciales, son académicos claramente adscritos a él—. Este desequilibrio, que varía internacionalmente, es particularmente evidente en España (Fiormonte 2014, 12). La expresión Humanidades Digitales produce, por lo tanto, esta primera confusión: sería mucho más acertado hablar de 'estudios literarios digitales', con una presencia minoritaria de otras disciplinas. No es una confusión casual, como veremos, y muestra una tendencia a la hipérbole, endémica en este campo.

6. Tecnocentrismo y determinismo tecnológico

En segundo lugar, "la reflexión crítica sobre la tecnología y sus efectos sociales", desde las humanidades, resulta difícil de encontrar en el terreno de las Humanidades Digitales. A pesar de que el último congreso de Humanidades Digitales Hispánicas tiene como uno de sus objetivos explícitos promover "la reflexión crítica sobre la sociedad digital o sobre las tecnologías digitales desde las humanidades", examinado la totalidad de las ponencias presentadas en las sesiones plenarias no puede encontrarse ni una sola dedicada directamente a ese fin. De hecho, las Humanidades Digitales parecen vivir de espaldas a las grandes tradiciones de análisis y reflexión crítica y sistemática sobre la tecnología que se han producido, durante las últimas décadas, desde la filosofía, la historia, la antropología, la sociología o la economía.

Lejos de recoger las enseñanzas de esta vasta tradición humanística contemporánea o de promover nuevas líneas de análisis, muchos trabajos adoptan más bien la imagen convencional de la tecnología con dosis variables de *determinismo tecnológico* (Aibar, 2010), *ideología californiana* (Barbrook y Cameron, 1996) y *solucionismo tecnológico* (Morozov, 2015). En primer lugar, el uso de las TIC parece promoverse como fin en sí mismo. No tanto como instrumento para responder con mayor solidez las preguntas de investigación o para formular nuevas y mejores preguntas, sino porque su uso y, en general, la innovación tecnológica, se ven como factores intrínsecamente positivos. Las Humanidades Digitales se entienden como una suma de "tecnología-innovación-humanismo" (Rodriguez Yunta 2014, 457) en la que el orden de los elementos no parece casual. La innovación tecnológica se considera políticamente neutra y una especie de magnitud escalar, sin dirección. Por ello no suelen hacerse distinciones significativas entre tipos de aplicaciones digitales o entre clases de plataformas. Todo desarrollo tecnológico en el ámbito digital parece igualmente encomiable, ya se trate de redes sociales propietarias como Facebook o Twitter, o de redes sociales académicas privadas como *Research.Gate*, *Academia.edu* o *Mendeley* (Serantes, 2016), que, en realidad y a pesar de su engañoso nombre, han sido creadas por empresas de capital riesgo con el objetivo de comerciar con los datos que los científicos introducen.

La tecnología es, sin duda, el motor primordial y la esencia explícita e implícita de las Humanidades Digitales. La tecnología protagoniza un *cambio de paradigma* (Lucia, 2012) que afecta, no sólo a las herramientas de investigación de las humanidades, sino a su misma esencia, a sus aspectos conceptuales. Se utilizan diferentes expresiones para enfatizar la naturaleza radical y revolucionaria de este cambio tecnológico: se habla de "revolución digital", de "transformación digital a una velocidad vertiginosa" (González-Blanco, 2016, 80), de nueva "revolución industrial" o de "revolución informática". Aunque se trata de denominaciones fuertemente cuestionadas por historiadoras y sociólogas de la tecnología, su uso tiene un claro objetivo estratégico: "the language here is the language of scholarship, but the spirit is the spirit of salesmanship—the very same kind of hyperbolic, hard-sell approach we are so accustomed to hearing about the Internet, or about Apple's latest utterly revolutionary product" (Kirsh, 2014).

En cualquier caso, el mensaje es que se trata de un cambio *inexorable*, inevitable e investido de una gran dosis de *fatalismo*, frente al que sólo queda sumarse sin discusión. Quien no lo haga o muestre una actitud crítica será acusado de obsoleto, conservador o anticuado (Grusin, 2014). Y, en este contexto, "parece mucho peor estar equivocado que resultar anticuado" (Luri, 2015, 7).

7. De la *torre de marfil* al mercado

Las Humanidades Digitales se autoproclaman la única salida plausible para las humanidades: o tomamos el camino que nos abren o estaremos condenados a la irrelevancia social y a la marginalidad académica. Se utiliza a menudo la imagen de la *torre de marfil* para evocar una situación de absoluta desconexión con el entorno social y cuestionar el *elitismo* del humanista tradicional (Aiden y Michel, 2014, 5). En contraste con esta situación, las Humanidades Digitales permiten construir una nueva (por casi inexistente hasta ahora) relación entre *empresa* y humanidades, entre el ámbito del *mercado* y la torre de marfil de los humanistas. Se trata, en fin, de hacer que las humanidades sean relevantes en el mercado (tanto por sus "productos", como por el tipo de graduados que formarán). Las Humanidades Digitales constituyen la salvación de las humanidades puesto que "posibilitan un nuevo acceso al mercado de todo un sector que parecía abocado a no encontrar su hueco en un mercado laboral no docente" (González-Blanco, 2016, 91). Para Aiden y Michel, de la misma forma que el telescopio de Galileo sirvió para descubrirnos nuevos e inimaginados mundos, la poderosas lente tecnológica del *big data* "is going to change the humanities, transform the social sciences and renegotiate the relationship between the world of commerce and the ivory tower" (2014, 5).

Dejando de lado el carácter hiperbólico de estas afirmaciones – muy habitual en el terreno de las Humaniades Digitales — es remarcable la similitud entre este discurso y dos de los rasgos básicos de la aproximación neoliberal al conocimiento científico. En primer lugar, es necesario acabar con la autoridad epistemológica de los expertos y del conocimiento experto académico (Hayek, 1949) — el rasgo político-epistémico clave de la era Trump y la "post-verdad". En segundo lugar, el conocimiento experto debe supeditarse al mercado que, como verdadero procesador de ideas, es el único medio genuino y "democrático" de obtener legitimidad (Mirowski, 2011, 324). El ataque populista al sabio ilustrado debe conducir a la adaptación sumisa del conocimiento a las leyes del mercado. De la torre de marfil al mercado: ese es el camino. "Relevancia social" se traduce por *relevancia comercial* y "transferencia a la sociedad" por *colaboración con empresas*.

Pero para salir al mercado con unas mínimas posibilidades de éxito es necesario realizar algunas transformaciones y movimientos previos que no resultan en absoluto triviales y que, efectivamente, pueden acabar afectando a la esencia del conocimiento humanístico: a sus formas y técnicas de investigación, a sus principios teóricos y, en general, a sus contenidos. Las Humanidades Digitales "han emergido gracias a la demanda de la sociedad de una puesta al día de todas las ciencias humanas o sociales y a la preocupación de sus profesionales de buscar salidas visuales a sus contenidos, tan denostados por el público en general. Se necesitaba urgentemente una renovación en la forma de vender nuestros productos" (López Cuadrado, 2015).

Esta cita pone en evidencia dos de las estrategias básicas de las Humanidades Digitales en su asalto al mercado. Por un lado, la necesaria conversión del conocimiento humanístico en unidades comercializables, es decir, "productos" — con la consiguiente colonización del ámbito por la terminología empresarial. Pero ¿cómo convertir el conocimiento humanístico, plagado de 'aproximaciones teóricas', 'críticas', 'marcos conceptuales', 'visiones del mundo', etc. en productos fácilmente mercantilizables? La estrategia que nos sugiere la cita es, en efecto, un rasgo habitual de las Humanidades Digitales: la preferencia por los productos "visuales". El énfasis se pone en producir visualizaciones atractivas, imágenes, vídeos, animaciones o representaciones que consigan atraer la atención del público. El formato tradicional del trabajo humanístico, el texto escrito, resulta anticuado e inapropiado para el nuevo objetivo comercial: "the 8-page essay and the 25-page research paper will have to make room for the game design, the multi-player narrative, the video mash-up, the online exhibit and other new forms and formats" (Burdick et al., 2012, 24).

8. "Hacer cosas" y soslayar la crítica

Una de las expresiones que más llaman la atención en los algunos discursos programáticos de las Humanidades Digitales es la que enfatiza la voluntad de "hacer cosas" —*make things* (Chun et al., 2016; Grusin, 2014)—. La expresión se refiere a la vocación productiva y constructiva — en sentido literal- de las Humanidades Digitales, a su interés en obtener resultados tangibles (en forma de datos, visualizaciones o archivos digitales) y comercializables. Para entender completamente su significado, sin embargo, es necesario tener en cuenta a qué se opone. Y el punto de mira se sitúa, curiosamente, sobre las mismas humanidades, o mejor dicho sobre el ámbito originario de las humanidades digitales, los estudios literarios y sobre una forma particular de acometerlos.

Es muy ilustrativo, en este sentido, observar el tipo de aproximación a los estudios literarios que imperaba en el departamento de Inglés de la Universidad de Virginia —uno de los enclaves originarios, según muchos autores, de las Humanidades Digitales—. Este departamento era conocido por su inclinación mayormente anti-interpretativa y fundamentalmente contraria a la denominada escuela francesa, dominante en muchos departamentos de inglés en los EE.UU. Esta escuela era denostada, por algunos miembros notorios del departamento virginiano, tanto por lo que se consideraba una tendencia excesiva a la abstracción, como por su inclinación hacia la crítica en clave política y social. Estas figuras defendían, en cambio, una tendencia más conservadora, pro-canon, anti-postmoderna y, en cualquier caso, contraria a la politización de los estudios literarios. "Hacer cosas" se convirtió en este contexto en un alegato contra los enfoques prioritariamente críticos y la interminable interpretación política a que conducían (Allington, Brouillette y Golumbia, 2016).

En buena parte las Humananidades Digitales han desplazado las visiones críticas y políticamente disidentes en favor de la construcción de herramientas y archivos digitales, en consonancia con una "creciente desvinculación de las actividades humanísticas respecto a un proyecto colectivo de emancipación, capaz de dar una respuesta suficiente al proyecto del capitalismo cognitivo" (Garcés, 2017, 71). En una suerte de giro *postcrítico* lo prioritario debe ser ahora la producción de datos, visualizaciones, materiales digitales o software; la interpretación es secundaria, inexistente o, simplemente, indeseable. Las Humanidades Digitales, por lo menos en este tipo de enfoque, acaban mostrando un tono sorprendentemente *antihumanístico*.

De hecho, un vistazo al programa académico de un título universitario de *Experto profesional en Humanidades Digitales* muestra todo un conjunto de competencias y contenidos tecnológicos diversos (edición digital de textos, lenguajes de programación, bases de datos, procesamiento de imágenes, etc.) y ni un solo curso con contenido mínimamente humanístico.

La centralidad que se otorga a la tecnología es tal que se considera prioritaria la "necesidad de tecnologizar los proyectos, las infraestructuras y, sobre todo, de formar a toda una comunidad científica de base humanística en unos conocimientos tecnológicos específicos adaptados a sus propias necesidades" González-Blanco (2016, 80). Lo que hasta ahora eran funciones de asistencia técnica para humanistas, pasan a convertirse en el núcleo de lo que debería ser su formación.

Además, como la tarea de formar a "toda la comunidad científica humanística" parece francamente poco factible, muchos proyectos en Humanidades Digitales acaban de hecho subcontratando las tareas técnicas a alguna de las muchas empresas privadas que han surgido en este ámbito (muchas de ellas lideradas por antiguos académicos). En un proceso similar al ocurrido en las ciencias bio-médicas, se abre así la puerta a la privatización creciente de las herramientas de investigación.

9. Datos e interpretación

El énfasis en la producción de datos y el rechazo a los enfoques excesivamente interpretativos conduce a una relación particular entre datos e investigación. Si se examinan diferentes proyectos de investigación en Humanidades Digitales — basta analizar aquellos que se destacan en algunos laboratorios, departamentos o sitios web del ámbito — sorprende la casi total ausencia de preguntas de investigación. Las pocas que aparecen resultan puramente descriptivas y suponen una versión banalizada o simplificada del tipo de problemas y preguntas que asociamos a las disciplinas humanísticas, incluso si nos restringimos al terreno de los estudios literarios.

En este sentido, es interesante comentar la propuesta metodológica de Franco Moretti, profesor de crítica literaria de tradición marxista en Stanford. Aunque Moretti proviene de la corriente metodológica interpretativa denominada *close reading*, en un momento dado se interesó por la posibilidad de utilizar métodos cuantitativos, normalmente asociados a las ciencias sociales, en el terreno litera-rio. Aunque ya existía una cierta tradición de estudios cuantitativos aplicados al análisis de la literatura, el acierto de Moretti fue, por un lado, dar a conocer esas técnicas en revistas y publicaciones más próximas al ámbito humanístico y, por otro, conceptualizarlo con el término *distant reading* que sugería la posibilidad de analizar grandes cantidades de datos, mediante programas de ordenador y un cierto aparataje estadístico pero "sin necesidad de leer" las obras implicadas (Allington, Brouillette y Golumbia, 2016; Kirsch, 2014).

Moretti no se autoposicionó inicialmente como "humanista digital" pero sus contribuciones en torno al *distant reading* han sido recibidas con gran entusiasmo desde las Humanidades Digitales, muchos de cuyos representantes las conside-ran ejemplos paradigmáticos de la nueva corriente (González-Blanco, 2016, 80). Efectivamente, el denominado *distant reading* supone un cambio metodológico que va plenamente en la línea de lo que hemos señalado más arriba. En primer lugar, descansa en la primacía de los datos sobre la interpretación. Los datos no se utilizan para responder preguntas previas, sino que generan "ellos mismos", los patrones o regularidades que constituyen el análisis. En segundo lugar, la tecno-logía adquiere aún más protagonismo. No se trata únicamente de que los instru-mentos informáticos nos ayuden a generar, agregar y ordenar grandes cantidades de datos, sino que son también los mismos programas informáticos los que nos proporcionan los análisis relevantes, sugiriendo recurrencias, pautas o modelos.

Este punto de vista sobre la relación entre datos y teoría descansa en una visión ciertamente naif y *neopositivista* de la naturaleza de los datos. Los datos se ven así como entidades "neutras", ateóricas, no construidas, aproblemáticas, capaces de "hablar por sí mismas" y de inducir, casi automáticamente, análisis teóricos así como las propias preguntas de investigación. Cualquier socióloga o filósofa de la ciencia sabe que eso no es así, en absoluto, ni siquiera en las ciencias naturales o "duras".

10. Conclusiones

La colonización de la investigación científica por parte de intereses privados está siendo promovida y potenciada por políticas científicas neoliberales que interpretan la relevancia social de la ciencia como simple *transferencia* al sector empresarial privado. Se trata de políticas científicas que incentivan el uso de patentes para favorecer la comercialización del conocimiento, que, simultáneamente, promocionan los sistemas de evaluación de la investigación puramente cuantitativos, promoviendo de forma explícita la *competitividad* por encima de la *colaboración* ("colaborar para competir mejor" nos dicen) y que, mediante las llamadas *políticas de la excelencia*, concentran cada vez más los recursos en unos pocos investigadores y centros de investigación, depauperando a pasos agigantados el resto del sistema universitario público (Mirowski, 2011; Quintanilla, 2012).

El giro neoliberal en la ciencia contemporánea está teniendo consecuencias muy importantes, no sólo en la organización y la gestión de la ciencia y las instituciones académicas, sino en las formas en que se producen los conocimientos científicos: en el tipo de resultados que se generan, en los métodos que se consideran más legítimos o en los enfoques teóricos más secundados. La mayoría de estudios que intentan analizar este tipo de cambios en el "contenido" de la ciencia, se han centrado prioritariamente en las ciencias naturales y "duras" y, en especial, en el ámbito biomédico — la punta de lanza en esta nueva fase histórica de la ciencia. Nuestro objetivo ha sido, en este sentido, mostrar cómo el terreno de las humanidades también está siendo afectado por fenómenos similares. Nos hemos ocupado de las denominadas Humanidades Digitales, un ámbito que, a pesar de su indefinición y vaguedad, representa un área ciertamente floreciente en cuanto a publicaciones, financiación e iniciativas institucionales.

Nuestro análisis no tiene voluntad exhaustiva ni pretendemos que las tendencias o principios programáticos que hemos identificado tengan validez para la amplia variedad de enfoques y desarrollos que suelen adscribirse a las Humanidades Digitales. Tampoco constituyen, sin embargo, aspectos residuales o minoritarios. Su presencia es lo suficientemente importante en algunos de los textos, autores e instituciones que se consideran emblemáticos en el área, como para merecer ser tenidos en cuenta.

El énfasis en la producción de resultados que puedan ser fácilmente reutilizados por la industria cultural y la insistencia en establecer vínculos con el mercado y favorecer la comercialización del conocimiento, constituyen rasgos nucleares del giro neoliberal en la ciencia actual, que condicionan el contenido mismo del conocimiento científico y los métodos utilizados para generarlo. La propensión a "tecnologizar" los proyectos de investigación y a otorgar a la tecnología —y a la formación técnica— un papel central en el nuevo panorama académico, resuenan con la tendencia tecnocrática neoliberal a convertir problemas pedagógicos y, en general, cuestiones socio-económicas o políticas, en problemas puramente tecnológicos que el mercado estará en condiciones de resolver.

No es de extrañar que los gestores universitarios (y algunas entidades financiadoras) estén más entusiasmados con las Humanidades Digitales, que los propios humanistas. El mantra de producir datos, visualizaciones, archivos, etc., encaja a la perfección con las evaluaciones cuantitativas de la productividad científica que la gestión y evaluación actuales de la investigación requieren. El éxito de las Humanidades Digitales tiene mucho que ver con su compatibilidad con el nuevo modelo de universidad neoliberal, donde la capacidad de establecer vínculos con el mercado y conseguir fondos privados/empresariales es clave.

Referencias bibliográficas

Aibar, E. (2010). A Critical Analysis of Information Society Conceptualizations from an STS Point of View. En *Cognition, Communication, Co-operation*, 8(2), 177-182.

Aibar, E. (2014). Ciència oberta, encerclament digital i producció col·laborativa. En T. Iribarren, O. Gassol y E. Aibar (Eds.), *Cultura i tecnologia: els reptes de la producció cultural en l'era digital* (pp. 99-120). Lleida: Punctum.

Aiden, E. y Michel, J. B. (2014). *Uncharted: Big data as a lens on human culture*. London: Penguin.

Allington, D., Brouillette, S. y Golumbia, D. (2016, 1 de mayo). Neoliberal Tools (and Archives): A Political History of Digital Humanities. *Los Angeles Review of Books*, obtenido de https://lareviewofbooks.org/article/neoliberal-tools-archives-political-history-digital-humanities/

Barbrook, R. y Cameron, A. (1996). The Californian ideology. *Science as Culture*, 6(1), 44-72.

Biagioli, Mario (1993). *Galileo Courtier: The Practice of Science in the Culture of Absolutism*. Chicago: University of Chicago Press.

Burdick, A., Drucker, J., Lunenfeld, P., Presner, T., y Schnapp, J. (2012). *Digital_Humanities*. Cambridge, MA: MIT Press.

Chun, W., Grusin, R., Jagoda, P., y Raley, R. (2016). The Dark Side of the Digital Humanities. En Gold M. & Klein L. (eds.), *Debates in the Digital Humanities* (493-509). Minneapolis: University of Minnesota Press.

Dardot, P. y Laval, C. (2014). *The new way of the world: On neoliberal society*. London: Verso Books.

David, P. A. (2004). Understanding the Emergence of 'Open Science' Institutions: Functionalist Economics in Historical Context. *Industrial and Corporate Change*, 13(4), 571-589.

Fiormonte, D. (2014). Digital Humanities from a Global Perspective. *Laboratorio dell'ISPF*, XI. DOI: 10.12862/ispf14L203.

Fochler, M. (2016). Variants of Epistemic Capitalism: Knowledge Production and the Accumulation of Worth in Commercial Biotechnology and the Academic Life Sciences. *Science, Technology, & Human Values*, 41(5), 922-948.

Foucault, Michel (2009). *Nacimiento de la biopolítica*. Madrid: Akal.

Garcés, M. (2017). *Nueva ilustración radical*. Barcelona: Anagrama.

González-Blanco, E. (2016). Un nuevo camino hacia las humanidades digitales: el laboratorio de innovación en humanidades digitales de la UNED. *Revista Signa* 25, 79-93.

Greenhalgh, S. (2016). Neoliberal science, Chinese style: Making and managing the 'obesity epidemic'. *Social Studies of Science*, 46(4), 485-510.

Grusin, R. (2014). The Dark Side of Digital Humanities: Dispatches from Two Recent MLA Conventions. *Differences: A Journal of Feminist Cultural Studies*, 25(1), 79-92.

Halffman, W. y Radder, H. (2015). The academic manifesto: From an occupied to a public university. *Minerva*, 53(2), 165-187.

Hayek, F. A. (1949). The intellectuals and socialism. *The University of Chicago Law Review*, 16(3), 417-433.

Kirsch, A. (2014, 2 de octubre). Technology Is Taking Over English Departments: The false promise of the digital humanities. *New Republic*, obtenido de https://newrepublic.com/article/117428/limits-digital-humanities-adam-kirsch

Lave, R., Mirowski, P. & Randalls, S. (2010). Introduction: STS and neoliberal science. *Social Studies of Science*, 40(5), 659–675.

López Cuadrado, Ana (2015). El papel de los archivos en las Humanidades Digitales. Estado de la cuestión. Comunicación en el *II Congreso de la Asociación de Humanidades Digitales Hispánicas: Innovación, globalización e impacto*. Madrid.

Lucía Megías, J.M. (2012). *Elogio del texto digital. Claves para interpretar el nuevo paradigm*. Madrid: Fórcola.

Luri, G. (2015). Pròleg. En Erasme de Rotterdam, *Eduqueu els infants ben aviat en les lletres* (pp. 7-30). Barcelona: Adesiara.

Mirowski, P. (2011). *Science-Mart. Privatizing American Science*. Harvard: Harvard University Press.

Morozov, E. (2015). *La locura del solucionismo tecnológico*. Madrid: Katz.

OECD (2015). *OECD Science, Technology and Industry Scoreboard 2015: Innovation for growth and society*. Paris: OECD Publishing.

Pellizzoni, L. & Ylönen, M. (2012). *Neoliberalism and technoscience: Critical assessments*. Farnham: Ashgate Publishing.

Pestre, D. (2003). *Science, argent et politique: un essai d'interprétation*. París: Editions Quae.

Pestre, D. (2005). The Technosciences between Markets, Social Worries and the Political: How to Imagine a Better Future. En H. Nowotny, D. Pestre, E. Schmidt-Assmann, H. Schultze-Fielitz & H. Trute (eds), *The Public Nature of Science under Assault* (pp. 29-52). Berlin: Springer.

Quintanilla, M. A. (2012). El pensamiento científico y la ideología de izquierdas. *Pensamiento Crítico*, artículo en línea. Consulta: 24-11-2017, http://www.pensamientocritico.org/migqui0312.htm.

Radder, H. (ed.) (2010). *The Commodification of Academic Research*. Pittsburgh: University of Pittsburgh Press.

Ramsay, S. (2013). Who's in and who's out. En E. Vanhoutte (ed.), *Defining digital humanities: a reader* (pp. 239-241). Surrey: Ashgate Publishing.

Rodríguez-Yunta, Luis (2014). Ciberinfraestructura para las humanidades digitales: una oportunidad de desarrollo tecnológico para la biblioteca académica. En *El profesional de la información*, 23(5), 453-462. DOI: http://dx.doi.org/10.3145/epi.2014.sep.01

Serantes, M.A. (2016). Redes sociales académicas y humanidades digitales: un nuevo modelo interactivo en las relaciones humanas. Ponencia en el congreso *Naturaleza humana* 2.0, Universidad Pontificia de Comillas, Madrid.

Sismondo, S. (2009). Ghosts in the machine: publication planning in the medical sciences. En *Social Studies of Science*, 39(2), 171-198.

Svensson, P. (2010). The Landscape of Digital Humanities. En *Digital Humanities Quarterly*, 4 (1).

ArtefaCToS. Revista de estudios de la ciencia y la tecnología
eISSN: 1989-3612
Vol. 7, No. 1 (2018), 2ª Época, 29-50
DOI: http://dx.doi.org/10.14201/art2018712950

El problema de la irreversibilidad: Una relación inter-teórica de dos niveles

The Irreversibility Problem: A Two-Level Interteorical Relation

Juan Camilo MARTÍNEZ GONZÁLEZ*; Olimpia LOMBARDI**
CONICET-Universidad de Buenos Aires, Argentina
*olimac62@hotmail.com
**olimpiafilo@gmail.com

Recibido: 06/01/2018. Revisado: 18/01/2018. Aceptado: 20/01/2018

Resumen

El objetivo del presente trabajo consiste en arrojar nueva luz sobre el problema de la irreversibilidad, señalando que en las discusiones sobre el tema no se ha tomado en cuenta suficientemente que la relación entre termodinámica y mecánica involucra relaciones teóricas en dos niveles: un nivel intra-teórico y un nivel inter-teórico. Intentaremos poner de manifiesto los dos pasos necesarios para establecer el vínculo entre irreversibilidad termodinámica y reversibilidad mecánica: el primer paso consiste en explicar la relación intra-teórica entre macro-irreversibilidad y micro-reversibilidad en el marco mecánico; el segundo paso es establecer la relación inter-teórica entre la irreversibilidad termodinámica expresada por el segundo principio y la macro-irreversibilidad obtenida en el primer paso. Finalmente, se discutirán las posibles interpretaciones de estos dos pasos desde diferentes posturas filosóficas.

Palabras clave: emergencia; reducción; pluralismo; termodinámica; mecánica estadística; relaciones interteóricas.

Abstract

The purpose of this paper is to shed new light on the problem of irreversibility by pointing out that, in the discussion about this matter, a relevant fact has not been sufficiently taken into account: the relationship between thermodynamics and mechanics involves a theoretical relation of two levels, an intra-theoretical level and an inter-theoretical level. We will try to highlight the two necessary steps to establish the link between thermodynamic irreversibility and mechanical reversibility. The first step attempts to explain the intra-theoretical relationship between macro-irreversibility and micro-reversibility in the mechanical framework. The second step intends to state the inter-theoretical relationship between the thermodynamic irreversibility expressed by the second law of thermodynamics and the macro-irreversibility obtained in the first step. Finally, the possible interpretations of these two steps from different philosophical positions will be discussed.

Keywords: *Emergence; Reduction; Pluralism; Thermodynamic; Statistical mechanics; Inter-Theoretical Relationships.*

1. Introducción

El problema de la irreversibilidad se origina a fines del siglo XIX con los trabajos de Boltzmann, cuyo propósito era brindar una explicación puramente mecánica del aumento de entropía postulado por el segundo principio de la termodinámica (Lombardi, 2011). Con este objetivo, formuló su teorema H que, supuestamente, suministraba la reducción buscada. Sin embargo, ante las convincentes críticas de sus contemporáneos, Boltzmann efectuó un viraje teórico hacia una presentación combinatoria del problema, que dio origen a uno de los grandes enfoques teóricos que perduran hasta nuestros días. A su vez, en 1900, Gibbs formuló una presentación clara y sistemática de la mecánica estadística que enfocaba el problema de la irreversibilidad desde un ángulo diferente del adoptado por Boltzmann, pero que contaba con sus propias dificultades específicas. El problema de la irreversibilidad, que era considerado el problema central de la física por los científicos de fines del siglo XIX, si bien no resuelto, fue olvidado durante muchas décadas frente al avance de las nuevas teorías físicas formuladas a principios del siglo XX. Es sólo ya entrada la segunda mitad del siglo XX que el problema reaparece, tal vez debido a los nuevos resultados teóricos en el ámbito de los sistemas alejados del equilibrio termodinámico. Sin embargo, tampoco en esta época más reciente se logró alcanzar una solución generadora de consenso en la comunidad científica: el problema de la irreversibilidad continúa presentándose en nuestros días como uno de los grandes temas de debate en la física teórica.

En el ámbito de la filosofía de la física, el problema fue tradicionalmente concebido en términos de reducción (Frigg, 2007): cómo la termodinámica puede reducirse a la mecánica, en particular, cómo el segundo principio puede reducirse a la dinámica reversible subyacente. La relación entre termodinámica y mecánica estadística se convirtió en el paradigma de la relación interteórica bajo el modelo nageliano (Nagel, 1961). Sin embargo, ya en la década de 1970, la aplicabilidad del modelo nageliano de reducción comienza a ser severamente criticado desde diferentes perspectivas (Hull, 1972; Fodor, 1974, 1975; Kitcher, 1984). En particular, Hans Primas (1981) afirma que no existen casos científicamente significativos que se ajusten a este modelo reductivo (ver también Scerri y McIntyre, 1997; Rohrlich, 1988). Siguiendo esta tendencia, la relación entre termodinámica y mecánica estadística comienza a ser concebida en términos de emergencia (Prigogine y Stengers, 1984; Primas, 1998; Batterman, 2002). Finalmente, las últimas décadas presencian un renacimiento del reduccionismo (Fazekas, 2009; Klein, 2009; Dizadji-Bahmani et al. 2010, 2011; Needham, 2010; Butterfield, 2011a; van Riel, 2011; Schaffner, 2013), basado en debilitar el modelo nageliano original tanto en sus condiciones (se permiten aproximaciones, límites, e incluso introducción de supuestos incompatibles con la teoría reducida), como en su objetivo (se considera que la meta de la reducción ya no es la explicación, sino sólo la consistencia y la confirmación). No obstante, en estas nuevas discusiones acerca del concepto de reducción, la relación entre termodinámica y mecánica estadística continúa siendo el ejemplo paradigmático.

El objetivo del presente trabajo consiste en arrojar nueva luz sobre el problema de la irreversibilidad, señalando que en las discusiones sobre el tema no se ha tomado en cuenta que la relación entre termodinámica y mecánica involucra relaciones teóricas asimétricas en dos niveles: un nivel *intra-teórico* y un nivel *inter-teórico*. Para presentar el tema, concentraremos nuestra atención en el enfoque gibbsiano de la mecánica estadística, si bien la argumentación podría aplicarse también al enfoque de Boltzmann con las necesarias modificaciones teóricas. Sobre esta base, pondremos claramente de manifiesto los dos pasos necesarios para establecer el vínculo entre irreversibilidad termodinámica y reversibilidad mecánica: el primer paso consiste en explicar la relación intra-teórica entre macro-irreversibilidad y micro-reversibilidad en el marco mecánico; el segundo paso es establecer la relación inter-teórica entre la irreversibilidad termodinámica expresada por el segundo principio y la macro-irreversibilidad obtenida en el primer paso. Finalmente, se discutirán las posibles interpretaciones de los dos pasos desde diferentes posturas filosóficas.

2. Los orígenes del problema de la irreversibilidad

En muchos casos, la mejor estrategia para presentar una problemática filosófica consiste en revisar su génesis histórica. Aquí intentaremos este camino.

La idea de que el calor podía interpretarse como movimiento de partículas materiales había dominado la ciencia del siglo XVIII al amparo de las ideas de Newton, y sólo fue abandonada durante los treinta años, aproximadamente entre 1790 y 1820, durante los cuales la mayoría de los científicos suscribió la teoría del calórico. Pero transformar esa idea en una teoría cuantitativa requería modelos precisos a los cuales los recursos matemáticos de la época pudieran aplicarse fácilmente. El primer modelo de este tipo que despertó gran interés fue el presentado por Rudolf Clausius en dos artículos de 1857 y 1858, donde un gas era concebido como un conjunto de moléculas que viajaban en línea recta a una misma velocidad entre choques sucesivos.

Los artículos de Clausius captaron de inmediato el interés de James Clerk Maxwell quien, en un artículo de 1860, amplió y mejoró el enfoque original mediante la aplicación de métodos estadísticos: la llamada 'ley de distribución' permite calcular, en estado de equilibrio, la proporción de moléculas que se mueven a cada valor de velocidad. El núcleo de su aporte consistió en definir un estado macroscópico, que asimiló al equilibrio termodinámico, en el cual las incesantes colisiones que modifican las velocidades individuales de las moléculas ya no producen variación en la distribución de tales velocidades.

Si la distribución de velocidades de las moléculas de un gas es inicialmente diferente de la de Maxwell, los choques intermoleculares producirán con el tiempo tal distribución y de allí en adelante la mantendrán; al menos así debería suceder si la distribución maxwelliana fuera, como pretendía el autor, la única que permanece estable mientras las moléculas continúan chocando entre sí. El modo natural de demostrar la unicidad de la distribución de Maxwell consistiría en probar que una distribución inicial arbitraria de velocidades moleculares debe evolucionar con el tiempo hacia la distribución de Maxwell y estabilizarse en ella. De este modo se brindaría, además, una interpretación microscópica del aumento de entropía postulado por el segundo principio: en un sistema aislado, cualquier distribución inicial de velocidades correspondiente a un cierto valor de entropía evolucionará hacia el estado de equilibrio de entropía máxima, caracterizado por la distribución de Maxwell.

Precisamente en estos términos podría expresarse el programa de Boltzmann. Su objetivo consistía en brindar una explicación del segundo principio de la termodinámica en términos mecánicos, por medio de los conceptos suministrados por la teoría cinética de los gases. Con este propósito formuló en 1872 el llamado 'teorema H', que supuestamente suministraba la explicación deseada. Sin embargo, la formulación original del teorema fue objeto de diversas críticas por parte de autores como Joseph Loschmidt y Ernest Zermelo, las cuales pusieron de manifiesto que la demostración del teorema incorporaba supuestos implícitos que excedían los límites de la mecánica clásica. En respuesta a estas críticas, en 1877 Boltzmann presentó una nueva demostración del teorema H, abandonando el planteo cinético clásico. El nuevo método se basaba en contar el número de microestados mecánicamente posibles compatibles con cada valor de la función de distribución de velocidades. Mediante un procedimiento totalmente combinatorio, Boltzmann calculaba el número de microestados diferentes que corresponden a un mismo estado macroscópico, esto es, a un mismo valor de la función de distribución. El macroestado más probable será, entonces, aquél al cual corresponda el número máximo de microestados y hacia él tenderá, con alta probabilidad, la evolución del sistema. De aquí surge la idea de Boltzmann de identificar la entropía de cada macroestado con una medida del número de sus microestados correspondientes. Boltzmann denomina 'complexión' a cada uno de los modos microscópicos diferentes de realizar un macroestado. Su más importante contribución se resume en la famosa fórmula que relaciona el número W de complexiones correspondientes a un macroestado y su entropía S:

$$S = k \ln W$$

donde k es la llamada 'constante de Boltzmann'. Finalmente, Boltzmann demostraba que el macroestado con máximo número de microestados se da cuando la función de distribución de velocidades adquiere la forma postulada por Maxwell. El enfoque combinatorio de Boltzmann no resultó inmune a ulteriores críticas, y hasta nuestros días continúa siendo discutido conceptualmente a pesar de su amplia aplicabilidad (ver discusión en Lombardi y Labarca, 2005). En el presente trabajo no analizaremos estos aspectos, porque presentaremos nuestra argumentación sobre la base del otro gran enfoque de la mecánica estadística, que será el objeto de la próxima sección.

3. El enfoque de Gibbs

En el contexto del por entonces ya ampliamente discutido problema de la reducción de la termodinámica a la mecánica estadística, en 1902 el físico estadounidense Josiah Willard Gibbs presenta su famosa obra *Elementary Principles of Statistical Mechanics*, donde concibe un sistema termodinámico como un sistema mecánico en un estado microscópico especificado de un modo incompleto. La estrategia general de Gibbs consiste en abandonar el intento de describir la evolución de los microestados mecánicos de un sistema, y concentrar la atención en el comportamiento de lo que denomina 'ensamble representativo' del sistema: un conjunto de sistemas abstractos, conceptualmente construidos, que se encuentran en microestados diferentes pero siempre compatibles con el macroestado del sistema bajo estudio.

El comportamiento del ensamble se describe en el lenguaje cuasi-geométrico del espacio de las fases: para un sistema de N partículas, el espacio de las fases Γ correspondiente es un espacio de $6N$ dimensiones ortogonales, tres por las coordenadas posicionales q_i y tres por las componentes p_i de los momentos cinéticos de cada una de las N partículas. De este modo, el microestado mecánico de cada sistema del ensamble queda representado por un punto en el espacio de las fases y el ensamble como un todo se convierte así en una "nube" de puntos representativos. El comportamiento temporal del ensamble se asocia al flujo de la nube de puntos en el espacio de las fases, cada uno de los cuales describe una trayectoria de acuerdo con las leyes de la mecánica clásica. Si el número de sistemas del ensamble es suficientemente alto, la situación del ensamble en cada instante t puede especificarse mediante la densidad $\rho(q_i, p_i, t)$ de distribución de los puntos representativos en el espacio de las fases, cumpliéndose que:

$$N = \int ... \int \rho(q_i, p_i, t)\ dq_i\ dp_i$$

En general, ρ se considera normalizada a la unidad, $1 = \int ... \int \rho(q_i, p_i, t)\ dq_i\ dp_i$: en este caso, ρ es una medida que brinda la probabilidad por unidad de volumen del espacio de las fases de que un punto representativo del microestado mecánico del sistema representado por el ensamble se encuentre en las diferentes regiones del espacio de las fases.

Por simplicidad, designemos mediante la variable x los puntos del espacio de las fases, de modo que $\rho(q_i, p_i) = \rho(x)$. La función $\rho(x)$ permite calcular los promedios, sobre todos los sistemas del ensamble, de cualquier magnitud mecánica que dependa de los microestados de tales sistemas. Si consideramos una magnitud representada por una función de fase $f : \Gamma \rightarrow \mathbb{R}$, su *promedio en fase* $\langle f(x) \rangle$ se calcula:

$$\langle f(x) \rangle = \int_\Gamma f(x)\ \rho(x)\ dx$$

A su vez, la *entropía de Gibbs* S_G se define como:

$$S_G = -k \int_\Gamma \rho(x) \log \rho(x)\ dx$$

En este enfoque, se define *equilibrio estadístico* como la situación en la cual la densidad de probabilidad representada por $\rho(x)$ y los promedios en fase son independientes del tiempo. Un modo sencillo de asegurar el equilibrio estadístico es construir un ensamble para el cual $\rho(x)$ se distribuye uniformemente sobre todo el espacio de las fases. En particular, para representar un sistema aislado en equilibrio estadístico Gibbs recurre a lo que denomina *ensamble microcanónico*, cuya distribución $\rho_\mu(x)$ se define como:

$$\left.\begin{array}{ll} \rho_\mu(x) = cte & \text{para } x \in \Gamma_A \\ \rho_\mu(x) = 0 & \text{para } x \in \Gamma_A \end{array}\right\}$$

donde $\Gamma_A \subset \Gamma$ es la región accesible del espacio de las fases, definida por la energía y los vínculos impuestos al sistema bajo estudio. En esta situación de equilibrio estadístico, el promedio en fase de cualquier función de fase $f(x)$ es constante en el tiempo y se calcula como:

$$\langle f(x) \rangle_\mu = \int_\Gamma f(x)\, \rho_\mu(x)\, dx$$

¿Cómo dar cuenta, desde la perspectiva gibbsiana, de la macroevolución de un sistema hacia el equilibrio termodinámico? Supóngase un sistema aislado, sometido a ciertos vínculos V_0, inicialmente en equilibrio estadístico; en esta situación, el sistema es adecuadamente representado por un ensamble microcanónico definido por la distribución $\rho_{\mu 0}(x)$ cuyo soporte se encuentra confinado en la región accesible Γ_{A0}. Si en t_0 se modifican los vínculos aplicados al sistema —por ejemplo, en el caso de un gas confinado en la mitad izquierda de un recipiente, se elimina el tabique divisor—, la situación originalmente de equilibrio se convierte en una de no-equilibrio que evoluciona hacia una nueva situación de equilibrio determinada por los nuevos vínculos V_1 impuestos al sistema.

En la descripción de Gibbs, el ensamble microcanónico original representado por $\rho_{\mu 0}(x)$ se convierte, en t_0, en un ensamble de no-equilibrio representado por $\rho_0(x)$, que debería evolucionar hacia un nuevo ensamble microcanónico definido por la distribución $\rho_{\mu 1}(x)$, con su soporte confinado en la nueva región accesible Γ_{A1} definida por los nuevos vínculos V_1. En otras palabras, luego de un tiempo suficientemente largo, debería darse la evolución $\rho_0(x) \to \rho_{\mu 1}(x)$, alcanzándose la nueva situación de equilibrio.

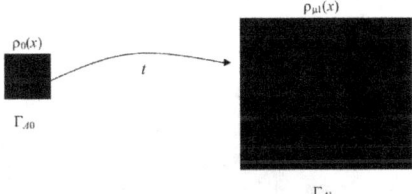

El problema de la irreversibilidad es el resultado del hecho de que tal evolución no es posible, ya que los sistemas del ensamble inicial evolucionan según las leyes de la mecánica cumpliendo el teorema de Liouville. De acuerdo con este teorema, cualquier región del espacio de las fases que posea una densidad de distribución uniforme evoluciona según la mecánica clásica manteniendo su volumen constante en el tiempo (ver, por ejemplo, Tolman, 1938, 48-52). En otras palabras, si las condiciones iniciales macroscópicas del sistema fijan una densidad $\rho_0(x)$ que difiere de cero en una cierta región del espacio de las fases, tal región inicial puede deformarse con el tiempo y tornarse tan "filamentosa" como para extenderse hasta zonas distantes en el espacio de las fases, pero su volumen permanece siempre constante.

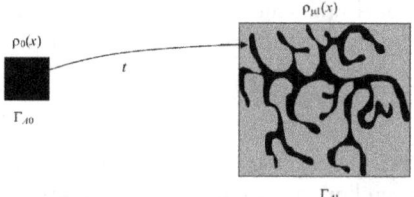

En consecuencia, $\rho_0(x)$ no puede evolucionar hasta convertirse en una densidad que realmente cubra la región accesible Γ_{A1} correspondiente a la nueva situación de equilibrio. A su vez, la entropía de Gibbs S_G se mantiene constante durante toda la evolución, de modo que no puede representar la entropía termodinámica S regida por el segundo principio (ver Lombardi, 2003).

En el enfoque de Gibbs, lo que en realidad sucede es que, bajo condiciones de suficiente inestabilidad, la región inicial se ha distribuido y ramificado hasta el punto de cubrir de un modo *aparentemente* uniforme la región Γ_{A1} correspondiente a la nueva situación de equilibrio. A fin de dar cuenta de este proceso, se define una *distribución de grano grueso (coarse grain)* $\rho_{cg}(x)$ sobre una partición del espacio de las fases. En efecto, si se divide el espacio de las fases Γ en celdas C_i de igual volumen c_i, la distribución $\rho_{cg}(x)$ puede definirse para cada celda en función de la distribución de grano fino $\rho(x)$ del siguiente modo: para cada celda C_i,

$$\left\{ \begin{array}{ll} \rho_{cg} = 0 & \text{si } \forall x \in C_i,\ \rho(x) = 0 \\ \rho_{cg} = 1/c_i \int_{C_i} \rho(x)\,dx & \text{si } \exists x \in C_i,\ \rho(x) \neq 0 \end{array} \right.$$

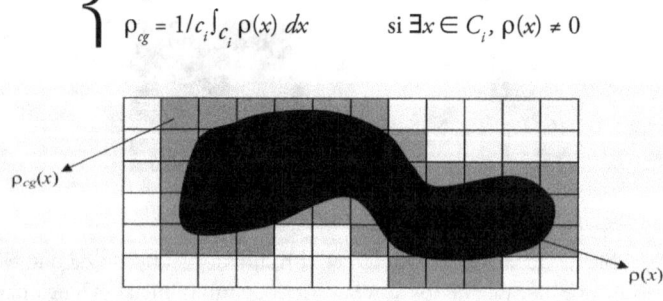

Sobre la base de esta distribución $\rho_{cg}(x)$, se define la *entropía de grano grueso* S_{cg} de un modo análogo a la entropía de Gibbs:

$$S_{cg} = -k \int_{\Gamma} \rho_{cg}(x) \log \rho_{cg}(x) \, dx$$

y puede esperarse que aumente a través de la evolución a medida que la región inicial vaya ingresando en mayor cantidad de celdas. Se demuestra que, si el sistema posee un grado suficiente de inestabilidad como para ser un sistema *mezclador*, esto es, si la región inicial se deforma a través de la evolución (Lebowitz y Penrose, 1973), entonces la función de distribución de grano grueso, considerada como una función del tiempo $\rho_{cg}(x,t)$, tiende a un límite definido para $t \to \infty$:

$$\lim_{t \to \infty} \rho_{cg}(x,t) = \rho_{cg(eq)}(x)$$

Por lo tanto, la entropía de grano grueso $S_{cg}(t)$ tiende a un valor máximo de equilibrio:

$$\lim_{t \to \infty} S_{cg}(t) = S_{cg(eq)}$$

Precisamente por esta propiedad de aumentar su valor hasta un máximo, la entropía de grano grueso S_{cg} es la magnitud que se asimila a la entropía termodinámica S, ya que manifiesta la evolución irreversible descripta por el segundo principio.

Sobre esta base, el formalismo basado en la propuesta gibbsiana suele presentarse como una explicación del segundo principio en términos mecánicos. Sin embargo, el enfoque de Gibbs ha recibido numerosas críticas en tanto genuina reducción de la termodinámica a la mecánica (Lebowitz, 1993; Bricmont, 1995). No obstante, aquí no nos detendremos en el análisis de tales críticas, ya que para nuestros fines sólo es necesario admitir que el enfoque de Gibbs establece un vínculo formal preciso entre termodinámica y mecánica, en particular, entre la irreversibilidad propia del segundo principio y la reversibilidad de la dinámica subyacente. Lo que nos interesará señalar aquí es que el vínculo encierra dos tipos de relaciones diferentes, que analizaremos en detalle en la próxima sección.

4. Dos tipos de relación teórica

En las discusiones acerca de reducción, se han propuesto dos ulteriores distinciones: Thomas Nickles (1973) distingue entre reducción con preservación de dominio (*domain-preserving reduction*) y reducción con combinación de dominios (*domain-combining reduction*); a su vez, William Wimsatt (1976) distingue entre reducción intra-nivel y reducción inter-nivel. En ambos casos, se trata de distinciones relacionadas con la tradicional diferencia entre reducción homogénea y reducción heterogénea de Nagel, pero no idénticas a ella. Aquí no seguiremos este camino por dos motivos. En primer lugar, porque pretendemos no pronunciarnos acerca de la naturaleza de las relaciones teóricas consideradas, en particular, si se trata de relaciones reductivas o expresan una emergencia no reductiva. Y en segundo lugar porque, de ser reductiva, la distinción que estableceremos se encontraría dentro del caso heterogéneo según Nagel, o de combinación de dominios según Nickles, o inter-nivel según Wimsatt, caso que justamente toma la reducción de la termodinámica a la mecánica estadística como su ejemplo paradigmático.

Consideremos dos ítems ontológicos I_1 e I_2, referidos por los términos t_1 y t_2, respectivamente, que pertenecen a ciertas teorías científicas. Pueden distinguirse dos casos de relaciones asimétricas:

- *Relación inter-teórica*: relación que se establece entre los términos t_1 y t_2 cuando pertenecen a dos teorías diferentes T_1 y T_2, respectivamente. Si dicha relación es asimétrica, puede interpretarse como expresando una dependencia ontológica entre los ítems I_1 e I_2.

- *Relación intra-teórica*: relación que se establece entre los términos t_1 y t_2 cuando pertenecen a una misma teoría T. Nuevamente, la asimetría de la relación indicaría la dependencia ontológica entre los ítems I_1 e I_2, que en este caso pertenecen al mismo dominio óntico, el descripto por la teoría T.

El caso típico de relación asimétrica intra-teórica es el vínculo muchos-a-uno que se establece entre estados o propiedades definidos en el marco de una misma teoría. Ejemplo paradigmático de este caso es la definición de macroestados en términos de conjuntos de microestados mecánicos en el estudio del determinismo en sistemas inestables. En el micro-nivel, los microestados se representan por puntos en el espacio de las fases y las microevoluciones quedan representadas por secuencias de microestados, es decir, por trayectorias. En el macro-nivel, los macroestados se representan por regiones de volumen no nulo en el espacio de las fases, y las macroevoluciones quedan representadas por secuencias de macroestados. A pesar de la clara relación entre ambos niveles, el micro-comportamiento y el macro-comportamiento son completamente diferentes, incluso contradictorios (Lombardi, 2003):

- En el *micro-nivel*, las microevoluciones son completamente deterministas, puesto que se encuentran gobernadas por las leyes de la mecánica clásica.

- En el *macro-nivel*, si el sistema es suficientemente inestable —si es un sistema K—, las macroevoluciones son indeterministas: los únicos macroestados que quedan unívocamente determinados son aquéllos que tienen probabilidad cero o uno independientemente de la macro-historia completa del sistema.

Los ejemplos de relación asimétrica intra-teórica son casos típicos de aquello que se ha denominado 'superveniencia', término utilizado por primera vez en su significado filosófico por Donald Davidson (1970) en el campo de la filosofía de la mente. Dados dos conjuntos de propiedades, *A* (el conjunto superveniente) y *B* (el conjunto basal o subveniente), *A* superviene sobre *B* cuando dos cosas no pueden diferir respecto de propiedades *A* sin diferir también respecto de sus propiedades *B*. En otras palabras, una diferencia en propiedades *A* requiere una diferencia en propiedades *B*, pero no a la inversa. La relación de superveniencia se da cuando existe realizabilidad múltiple, esto es, cuando la relación entre el nivel basal y el nivel superveniente es de muchos-a-uno: una misma propiedad del nivel superior puede realizarse a través de muchas propiedades diferentes del nivel inferior.

Las relaciones asiméticas inter-teóricas son aquéllas que, en las discusiones acerca de la reducción nageliana heterogénea, han sido denominadas 'leyes-puente' (Nagel, 1961). El estatuto de las leyes-puente es el aspecto más conflictivo en los debates acerca del modelo nageliano de reducción, y ello es comprensible porque el modo en que se entiende el concepto de reducción depende esencialmente del modo en que se interpreten las leyes-puente. Si bien Nagel las introduce como bi-condicionales, de inmediato señala que, según la naturaleza de la relación postulada, pueden expresar vínculos de significado, meras convenciones o relaciones fácticas. Estas observaciones ponen claramente de manifiesto que la forma lógica bi-condicional de las leyes-puente no resulta suficiente para determinar el tipo de relación interteórica que ellas establecen. Pero, a la vez, las alternativas que ofrece Nagel han abierto las puertas a múltiples interpretaciones, desde aquéllas que conciben las leyes-puente como identidades o, al menos, como conexiones legales (Sklar, 1967; Schaffner, 1993; Esfeld y Sachse, 2007; van Riel, 2011), hasta las que las conciben como expresiones de meras correlaciones o coinstanciaciones (Kim, 2008; Klein, 2009, Dizadji Bahmani, Frigg y Hartmann, 2010). Estas interpretaciones se corresponden, respectivamente, con una interpretación fuerte de la reducción, que involucra una relación óntica entre los dominios de las teorías involucradas, y con una interpretación débil de la reducción, concebida como una mera reducción inter-teórica sin connotaciones ontológicas.

Si esta distinción entre relaciones asimétricas inter-teóricas e intra-teóricas se aplica al caso del enfoque de Gibbs en mecánica estadística, resulta muy claro que el vínculo entre la irreversibilidad termodinámica y la reversibilidad dinámica subyacente requiere de ambas:

- En primer lugar, es necesario encontrar en el dominio mecánico una magnitud que se comporte dinámicamente como la entropía termodinámica, esto es, que aumente a través del tiempo hasta alcanzar su valor de equilibrio. En el marco gibbsiano, la magnitud en cuestión es la entropía de grano grueso, que cumple con esta propiedad cuando el sistema es mezclador. De este modo, se establece una *relación intra-teórica* entre la macro-irreversibilidad mecánica y la micro-reversibilidad mecánica, relación que resulta ser asimétrica porque la primera resulta de la segunda bajo condiciones de suficiente inestabilidad.

- En segundo lugar, es necesario postular una *relación inter-teórica* que vincule la macro-irreversibilidad mecánica obtenida en el primer paso y la irreversibilidad termodinámica descripta por el segundo principio.

Es interesante notar que el hecho de que el vínculo entre termodinámica y mecánica estadística exige dos pasos conceptuales, si bien usualmente pasado por alto en las discusiones sobre el tema, fue reconocido por el propio Gibbs. En efecto, en primer lugar calculó ciertas magnitudes para el ensamble microcanónico, pero luego asoció tales magnitudes con magnitudes termodinámicas mediante sus "analogías termodinámicas" (Gibbs, 1902, Chapter 14, "*Discussion of thermodynamic analogies*"). Como subraya Jos Uffink: "[Gibbs] enfoca esta cuestión con mucha cautela, señalando ciertas analogías entre relaciones que se cumplen para los ensambles canónico y microcanónico y resultados de la termodinámica." (Uffink, 2007, 994; Sklar, 1993).

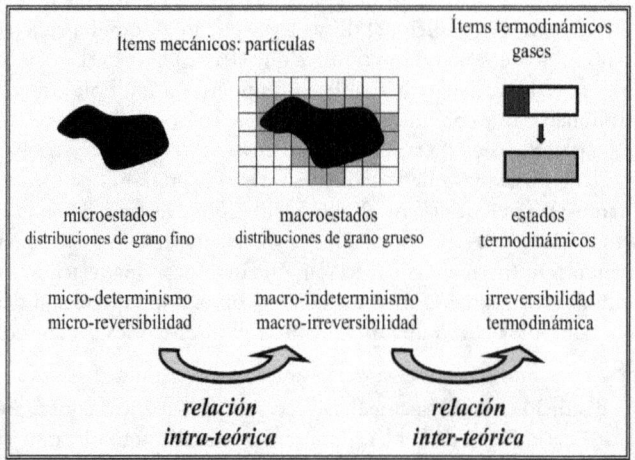

5. El problema de la irreversibilidad desde distintas perspectivas

Hasta aquí, hemos intentado mantenernos neutrales acerca de cómo interpretar los dos tipos de relaciones necesarias para establecer el vínculo teórico entre la irreversibilidad termodinámica y la reversibilidad mecánica subyacente. En esta sección, en cambio, analizaremos el sentido que debería adjudicárseles desde diferentes perspectivas acerca del modo en que los dominios referidos por diferentes teorías científicas se relacionan entre sí.

5.1. La perspectiva reduccionista

A pesar del declarado rechazo de la metafísica por parte de los positivistas lógicos, incluso para algunos de ellos la reducción inter-teórica tenía una motivación óntica: la reducción era considerada deseable porque sería de ayuda en la elaboración de una imagen ontológicamente parsimoniosa y completa de la realidad (Neurath, 1935). Tal vez esta idea de reducción óntica estuvo a la base de las ideas originales de Nagel acerca de reducción: por ejemplo, en su trabajo pionero de 1949, asumía que todos los términos de la teoría reducida deben definirse mediante términos de la teoría reductora (Nagel, 1949). Si las leyes puente fueran estrictamente definiciones, en principio todo aquello que puede ser dicho con la teoría reducida podría también ser dicho con la teoría reductora. Y, a su vez, la eliminación teórica brindaría buenos motivos para creer en la eliminación óntica; como afirma claramente Lawrence Sklar: "Las ondas de luz no están correlacionadas con las ondas electromagnéticas, ya que *son* ondas electromagnéticas" (Sklar, 1967, 120). Estas motivaciones ónticas desaparecen en ciertas posturas neo-reduccionistas recientes, que intentan apartarse de la metafísica con un ahínco aún mayor que el de sus predecesores del Círculo de Viena: por ejemplo, Foad Dizadji Bahmani, Roman Frigg y Stephan Hartmann (2010) sostienen explícitamente que las relaciones reductivas son relaciones inter-teóricas con connotaciones meramente metodológicas, como la búsqueda de simplicidad y la transferencia de confirmación de un ámbito teórico a otro, pero sin implicancia ontológica alguna (Needham, 2010).

La relevancia de los supuestos ontológicos en los intentos de reducir una teoría científica a otra es particularmente clara en el caso paradigmático de la reducción de la termodinámica a la mecánica estadística y de la irreversibilidad termodinámica a la reversibilidad mecánica. Cuando Boltzmann intentaba explicar los fenómenos térmicos en gases y de reducir el segundo principio en términos mecánicos, su esfuerzo científico no era impulsado exclusivamente por la búsqueda de simplicidad y el respaldo confirmatorio. Su programa estaba explícitamente motivado por el supuesto ontológico de que los gases no eran más que partículas en interacción mecánica. Otro caso menos estudiado, tal vez por su fracaso científico, fue el intento de Maxwell de reducir el electromagnetismo a la mecánica, bajo el supuesto ontológico de que los fenómenos electromagnéticos eran vibraciones mecánicas del éter luminífero. En ambos casos, subyacía la hipótesis de que toda la naturaleza estaba compuesta de entidades regidas por las leyes de la física descubiertas por Newton: era precisamente este supuesto ontológico aquello que justificaba las estrategias dirigidas a explicar las nuevas teorías (termodinámica, electromagnetismo) mediante la mecánica clásica.

Respecto de la relación intra-teórica, el reduccionista no encontrará obstáculos para interpretarla en sus propios términos. En efecto, si bien la superveniencia usualmente se asocia a la emergencia, los reduccionistas suelen considerar que es compatible con la reducción o incluso que es un caso de reducción. Por ejemplo, desde una concepción meramente epistémica de la reducción, Jeremy Butterfield (2011a; 2011b) insiste en que la superveniencia es compatible con la reducción en la medida en que el concepto de reducción puede flexibilizarse lo suficiente como para admitir muchos tipos diferentes de conexiones formales. Desde un punto de vista óntico, el reduccionista puede argumentar que en la realidad no existe nada más allá de lo que existe en el nivel basal subveniente. Por ejemplo, incluso si una fotografía tiene propiedades gestálticas, "la fotografía y sus propiedades se reducen a la disposición espacial de pixeles claros y oscuros. No son nada más allá de los pixeles" (Lewis, 1994, 294). Se trataría de una reducción casi trivial, puesto que es intra-teórica.

Aunque insista en concebir la realizabilidad múltiple en el dominio mecánico como reducción, el reduccionista no se libra de la necesidad de tomar una decisión acerca de la relación inter-teórica entre la macroevolución mecánica y la evolución termodinámica, donde se juega la reducción en un sentido no trivial. Es aquí donde se plantean todos los problemas relacionados con la noción de leyes-puente. Para una postura ontológicamente reduccionista, no alcanza la idea gibbsiana de "analogía": la relación entre los términos de las teorías reductora y reducida debe ser definicional, de modo de establecer la identidad entre los ítems respectivos. De este modo, las evoluciones termodinámicas irreversibles no serían más que macro-evoluciones mecánicas en condiciones de alta inestabilidad, así como la temperatura no sería otra cosa que energía cinética media por molécula.

Si bien la interpretación de las leyes-puente como definiciones establece la identificación entre los dominios de las dos teorías, no se logra introducir otro ingrediente esencial a la reducción: la asimetría de la relación. En efecto, bajo cualquier lectura, sea débil o fuerte, la reducción es una relación asimétrica: si A se reduce a B, entonces B no se reduce a A. Ahora bien, si la relación entre los términos de las teorías es definicional, la asimetría no surge de la propia relación. Esto pone de manifiesto un aspecto pocas veces señalado: la asimetría de la relación reductiva suele no venir impuesta por motivos teórico-formales, sino que es un supuesto ontológico que se añade a la relación teórica de modo usualmente implícito e inadvertido. En nuestro caso, la identificación entre evoluciones termodinámicas irreversibles y macro-evoluciones mecánicas, o entre temperatura y energía cinética media por molécula no establece una asimetría entre ambos polos de la relación: el carácter asimétrico del vínculo, que hace que la termodinámica se reduzca a la mecánica estadística, es un supuesto ontológico que se sigue de la creencia en el carácter más básico o fundamental del dominio microscópico subyacente.

En definitiva, la distinción entre los dos tipos de relación involucrados en los vínculos entre termodinámica y mecánica estadística pone de manifiesto que la asimetría queda confinada a la relación intra-teórica, mientras que en la relación inter-teórica, donde supuestamente se juega la reducción, la asimetría es un supuesto ontológico que se agrega a los vínculos formales entre teorías.

5.2. La perspectiva emergentista

Dada la polisemia del término 'emergencia', comencemos por introducir ciertas distinciones. En primer lugar debe distinguirse entre emergencia epistemológica y ontológica (O'Connor y Wong, 2015): mientras la primera se asienta en las limitaciones del sujeto de conocimiento, la segunda supone que el mundo está constituido en su totalidad por entidades básicas que se organizan en diferentes niveles de creciente complejidad donde surgen los nuevos ítems. Algunos autores distinguen entre emergencia diacrónica y sincrónica (Kim, 1999; Rueger, 2000; Humphreys, 2008): la primera refiere a aquellas entidades, propiedades y comportamientos que aparecen en la evolución temporal de un sistema; la segunda establece una relación entre las entidades, propiedades y comportamientos de un sistema y su microestructura. No es éste el lugar para ahondar en estas distinciones; sólo las mencionamos para dejar claro desde el comienzo que, en lo que sigue, nos referiremos siempre a emergencia ontológica sincrónica.

La noción de emergencia es muy atractiva: respecto del dominio subyacente del cual surgen, los ítems emergentes suelen caracterizarse como novedosos, impredecibles, inexplicables e irreducibles en términos del nivel basal. En palabras de Philip Anderson (1972), 'emergencia' expresa la idea de que el todo no es meramente mayor, sino que es diferente de la suma de las partes. Sin embargo, apenas se intenta dotar esta idea general de mayor precisión, aparecen muchas formas distintas de concebir la emergencia, que pueden variar incluso de autor a autor.

Tal vez esta amplia divergencia respecto el concepto de emergencia explica el hecho de que los emergentistas no adoptan una posición compartida respecto de la superveniencia. Muchos autores consideran que el concepto de superveniencia es lo que brinda precisión a la noción de emergencia. Por ejemplo, Hilary Putnam (1975) concibe la superveniencia como emergencia porque, dado que es posible que las propiedades basales sean diferentes pero la superveniente sea una y la misma, entonces no se puede decir que la segunda se reduce a las primeras en el sentido de describir lo mismo desde diferentes perspectivas. En la misma línea, Brian McLaughlin (1997) define emergencia como superveniencia de propiedades más superveniencia de leyes fundamentales, y Alexander Rueger (2000) concibe la emergencia como superveniencia estable y robusta. Por el contrario, otros autores emergentistas son escépticos acerca de la superveniencia, puesto que consideran que, aun si las propiedades supervenientes resultan novedosas, las regularidades de alto nivel en las que participan son siempre resultado de las regularidades del nivel basal. Desde esta perspectiva, el caso paradigmático —o incluso el único caso genuino— de emergencia es el entrelazamiento cuántico (Humphreys, 1997; Silberstein y McGeever, 1999; Howard, 2007).

Resulta claro que, aquellos emergentistas escépticos acerca de la superveniencia considerarán que las relaciones asimétricas intra-teóricas, tal como han sido aquí caracterizadas, no son un caso legítimo de emergencia. Esa postura los conduciría a negar la emergencia del dominio termodinámico a partir del mecánico si asumen, siguiendo una opinión muy difundida, que el primero superviene a partir del segundo. Sin embargo, la distinción entre relaciones intra-teóricas e inter-teóricas en el vínculo entre termodinámica y mecánica estadística permite eludir esta conclusión. En efecto, las relaciones intra-teóricas, que permiten definir la macro-irreversibilidad mecánica en términos de la micro-irreversibilidad mecánica (así como magnitudes estadísticas a partir de magnitudes mecánicas), no expresarían emergencia sino sólo superveniencia. Pero aún es posible, y razonable para un emergentista, admitir que la relación inter-teórica entre la macro-irreversibilidad mecánica y la irreversibilidad termodinámica (así como, por ejemplo, entre la temperatura y la energía cinética media por molécula) sí se trata de un caso genuino de emergencia, y de ello deriva el carácter asimétrico de la relación.

5.3. La perspectiva pluralista

Las últimas décadas han presenciado la propuesta de muy diversas perspectivas ontológicamente pluralistas (Putnam, 1981, 1990; Torretti, 2000, 2008; El-Hani y Pihlström, 2002; Lombardi y Labarca, 2005, 2006; Lombardi 2014a): si bien las distintas versiones difieren en sus aplicaciones particulares, todas ellas coinciden en el rechazo del realismo metafísico al que usualmente se alude como la perspectiva del ojo de Dios, esto es, el supuesto de la existencia de una perspectiva neutral y privilegiada desde la cual la realidad puede describirse científicamente tal como es en sí misma. De acuerdo con el pluralismo ontológico, por el contrario, los dominios ónticos de la ciencia se constituyen como una síntesis entre la realidad independiente, "nouménica", y los esquemas categoriales y conceptuales implícitos en nuestras teorías científicas. Tales esquemas adquieren estabilidad como consecuencia del éxito pragmático de las teorías que los presuponen. Desde esta perspectiva, inspirada en la filosofía kantiana y en el pragmatismo americano, la pregunta metafísica acerca de la existencia de un cierto ítem científico, independiente de la teoría y la práctica de la ciencia, carece de sentido.

El pluralismo ontológico fue formulado principalmente como una reacción crítica al reduccionismo ontológico que refiere la realidad completa a un único dominio, en general el descripto por la física "fundamental". Si el pluralismo ontológico se defiende de un modo consistente, también debería rechazarse el emergentismo, incluso en sus formas más débiles. En efecto, desde esta postura no puede aceptarse ningún supuesto acerca de la estructura de la realidad independiente de toda teoría científica (ver discusión detallada en Lombardi y Pérez Ranzanz, 2012): por ejemplo, afirmar que los términos 'gas' (tal como se usa en termodinámica, como refiriendo a un ítem con presión, volumen, temperatura, entropía, etc.) y 'sistema de partículas' (tal como se usa en mecánica, para describir sistemas de ítems que se comportan de acuerdo con la mecánica clásica) refieren a lo mismo en la realidad es un supuesto metafísico no respaldado por teoría científica alguna. Por lo tanto, no puede atribuirse una propiedad que pertenece a un dominio óntico a una entidad perteneciente a otro dominio donde la propiedad no existe: la temperatura no puede atribuirse de un modo consistente a un sistema de partículas mecánicas ni la evolución irreversible con aumento de entropía a su comportamiento dinámico.

Como consecuencia, el pluralismo ontológico impone el rechazo del supuesto de asimetría inherente al emergentismo. Puesto que tanto el dominio supuestamente emergente como el dominio supuestamente basal se encuentran igualmente constituidos como síntesis entre realidad independiente y esquemas teóricos, no existe ningún punto de vista neutral desde el cual pueda afirmarse que uno de los dominios tiene prioridad ontológica por sobre el otro. El emergentista podría responder afirmando que la asimetría de la relación no responde a una motivación exclusivamente metafísica, sino que existen razones pragmáticas e históricas para aceptarla. Sin embargo, los contra-argumentos emergentistas no parecen ser suficientes para restaurar la dependencia ontológica que critica el pluralista (Lombardi, 2014b).

Desde el punto de vista de la cuestión pragmática, es cierto que la mecánica clásica demostró su éxito en sus múltiples aplicaciones durante siglos. Pero no dependió de ellas el enorme impacto tecnológico de la termodinámica, que dio fundamento y profundizó uno de los más importantes eventos de la historia de la humanidad, esto es, la revolución industrial (para un argumento análogo respecto del éxito pragmático de la química, ver Lombardi y Labarca, 2011; Lombardi, 2014b). Por otra parte, la historia de la ciencia muestra diversos casos donde el reemplazo de la teoría "basal" no afectó la teoría que describía el dominio supuestamente emergente. Y es precisamente el caso de la termodinámica el que brinda el ejemplo paradigmático de esta situación histórica: el papel de teoría fundamental fue cumplido inicialmente por la teoría del calórico, luego por la mecánica clásica, y aún más tarde por la mecánica cuántica, y los vínculos inter-teóricos fueron adaptándose a estos cambios; sin embargo, la termodinámica no se modificó a través del proceso. Según el pluralista ontológico, si el destino de la teoría que supuestamente describe el dominio emergente es inmune al destino de la teoría que describe el dominio supuestamente basal, no hay buenos motivos filosóficos para aceptar la dependencia ontológica del primer dominio respecto del segundo (Lombardi y Labarca, 2006).

Es interesante señalar que el rechazo de la emergencia inter-teórica por parte del pluralista ontológico no implica su rechazo de la emergencia intra-teórica. En la medida en que las relaciones de muchos-a-uno, propias de la superveniencia, puedan definirse con el lenguaje y el marco categorial-conceptual de una misma teoría científica y, por tanto, en un mismo dominio óntico, no existe obstáculo conceptual alguno para concebirlas en términos de emergencia. Desde una perspectiva ontológicamente pluralista se podría, entonces, admitir que la macro-irreversibilidad mecánica emerge de la micro-reversibilidad de la dinámica subyacente, pero rechazando la emergencia de la irreversibilidad termodinámica a partir de la macro-irreversibilidad mecánica. En este sentido, el pluralista onto-lógico adoptaría una posición respecto de la emergencia opuesta a la que adopta el emergentista escéptico, quien impugna la caracterización de la superveniencia intra-teórica como un caso genuino de emergencia, pero admite la posibilidad de emergencia inter-teórica.

6. Conclusiones

El problema de la irreversibilidad, derivado del problema de la relación entre termodinámica y mecánica estadística y, con ello, entre los dominios termodi-námico y mecánico, se encuentra cerca de cumplir los 150 años. A pesar de esto, continúa siendo objeto de intensas discusiones. En el presente trabajo se ha intentado brindar nuevos elementos para enriquecer el debate, no provenientes del campo técnico-teórico, sino del ámbito filosófico. En particular, se ha argu-mentado que la distinción entre dos tipos de relaciones teóricas, las intra-teóricas y las inter-teóricas, permite efectuar un análisis más fino del problema. Se ha evitado tomar partido en favor de una postura filosófica definida acerca de las re-laciones inter-teóricas, precisamente para considerar el modo en que la distinción influye en los argumentos que las diferentes posturas pueden esgrimir a la hora de vincular la irreversibilidad termodinámica derivada del segundo principio y la reversibilidad dinámica que se sigue de las leyes de la mecánica clásica. Más allá de este objetivo específico, este trabajo aspira a brindar elementos para explorar las relaciones inter-teóricas que pueden establecerse en otras áreas de la física, e incluso en otras disciplinas científicas como la química y la biología.

Agradecimientos

Este trabajo ha sido realizado gracias al subsidio N° 57919 de la John Templeton Foundation, y el subsidio PICT-2812 de la Agencia Nacional de Promoción Científica y Tecnológica de Argentina.

Referencias bibliográficas

Anderson, Philip (1972). More is Different. *Science*, 177, 393-396.

Batterman, Robert (2002). *The Devil in the Details*. Oxford: Oxford University Press.

Bricmont, Jean (1995). Science of Chaos or Chaos in Science. *Physicalia*, 17, 159-208.

Butterfield, Jeremy (2011a). Emergence, Reduction and Supervenience: A Va-ried Landscape. *Foundations of Physics*, 41, 920-959.

Butterfield, Jeremy (2011b). Less is Emergence and Reduction Reconciled. *Foundations of Physics*, 41, 1065-1135.

Davidson, Donald. (1970). Mental Events. En L. Foster y J. W. Swanson (Eds.), *Experience and Theory* (pp. 79-101). Amherst, MA: The University of Massachusetts Press.

Dizadji-Bahmani, Foad, Frigg, Roman y Hartmann, Stephan (2010). Who is afraid of Nagelian reduction? *Erkenntnis*, 73, 393-412.

Dizadji-Bahmani, Foad, Frigg, Roman y Hartmann, Stephan (2011). Confirmation and reduction: A Bayesian account. *Synthese*, 179, 321-338.

El-Hani, Charbel y Pihlström, Sami. (2002). Emergence theories and pragmatic realism. *Essays in Philosophy*, 3(2), Art. 3.

Esfeld, Michael y Sachse, Christian (2007). Theory reduction by means of functional sub-types. *International Studies in the Philosophy of Sciences*, 21, 1-17.

Fazekas, Peter (2009). Reconsidering the role of bridge laws in inter-theoretic reductions. *Erkenntnis*, 71, 303-322.

Fodor, Jerry (1974). Special sciences (or: The disunity of sciences as a working hypothesis). *Synthese*, 28, 97-115.

Fodor, Jerry (1975). *The Language of Thought*. Cambridge, MA: Harvard University Press.

Frigg, Roman (2007). A field guide to recent work on the foundations of thermodynamics and statistical mechanics. En D. Rickles (ed.), *The Ashgate Companion to the New Philosophy of Physics* (pp. 99-196). London: Ashgate.

Gibbs, Josiah Willard (1902) [1960]. *Elementary Principles in Statistical Mechanics*. New York: Dover.

Howard, Don (2007). Reduction and emergence in the physical sciences: some lessons from the particle physics and condensed matter debate. en N. Murphy y W. R. Stoeger (eds.), *Evolution and Emergence: Systems, Organisms, Persons* (pp. 141-157). Oxford: Oxford University Press.

Hull, David (1972). Reductionism in genetics: biology or philosophy? *Philosophy of Science*, 39, 491-499.

Humphreys, Paul (1997). How properties emerge. *Philosophy of Science*, 64, 1-17.

Humphreys, Paul (2008). Synchronic and diachronic emergence. *Minds & Machines*, 18, 431-442.

Kim, Jaegwon (1999). Making sense of emergence. *Philosophical Studies*, 95, 3-36.

Kim, Jaegwon (2008). Reduction and Reductive Explanation. Is One Possible Without the Other? En J. Kallestrup y J. Hohwy (Eds.), *Being Reduced. New Essays on Reduction, Explanation and Causation* (pp. 93-114). Oxford: Oxford University Press.

Kitcher, Philip (1984). 1953 and All That: A Tale of Two Sciences. *Philosophical Review*, 93, 335-373.

Klein, Colin (2009). Reduction Without Reductionism: A Defence of Nagel on Connectability. *Philosophical Quarterly*, 59, 39-53.

Lebowitz, Joel (1993). Boltzmann's Time's Arrow. *Physics Today*, 46, 9-32.

Lebowitz, Joel y Penrose, Oliver (1973). Modern Theory. *Physics Today*, 26, 23-29.

Lewis, David (1994). Reduction of Mind. En D. Lewis (ed.), *Papers in Metaphysics and Epistemology* (pp. 291-324). Cambridge: Cambridge University Press.

Lombardi, Olimpia (2003). El problema de la ergodicidad en mecánica estadística. *Crítica. Revista Hispanoamericana de Filosofía*, 35, 3-41.

Lombardi, Olimpia (2011). The Problem of Irreversibility, From Fourier to Chaos Theory: The tTajectory of a Controversy Space. En O. Nudler (ed.), *Controversy Spaces. A model of scientific and philosophical change* (pp. 77-102). Amsterdam: John Benjamins.

Lombardi, Olimpia (2014a). Linking Chemistry with Physics: Arguments and Counterarguments. *Foundations of Chemistry*, 16, 181-192.

Lombardi, Olimpia (2014b). The Ontological Autonomy of the Chemical World: Facing the Criticisms. En E. Scerri y L. McIntyre (eds.), *Philosophy of Chemistry: Growth of a New Discipline (Boston Studies in the Philosophy and History of Science)* (pp. 23-38). Dordrecht: Springer.

Lombardi, O. y Labarca, Martín (2005). The Ontological Autonomy of the Chemical World. *Foundations of Chemistry*, 7, 125-148.

Lombardi, Olimpia y Labarca, Martín (2006). The ontological autonomy of the chemical world: A response to Needha. *Foundations of Chemistry*, 8, 81-92.

Lombardi, Olimpia y Labarca, Martín (2011). On the autonomous existence of chemical entities. *Current Physical Chemistry*, 1, 69-75.

Lombardi, Olimpia y Pérez Ransanz, Ana Rosa (2012). *Los Múltiples Mundos de la Ciencia. Un Realismo Pluralista y su Aplicación a la Filosofía de la Física*. México: UNAM-Siglo XXI.

McLaughlin, Brian (1997). Emergence and supervenience. *Intellectica*, 2, 25-43.

Nagel, Ernst (1949). The meaning of reduction in the natural sciences. En R. C. Stauffer (Ed.), *Science and Civilization* (pp. 99-135). Madison: University of Wisconsin Press.

Nagel, Ernst (1961). *The Structure of Science: Problems in the Logic of Scientific Explanation*. New York: Harcourt, Brace & World.

Needham, Paul (2010). Nagel's analysis of reduction: Comments in defense as well as critique. *Studies in History and Philosophy of Modern Physics*, 41, 163-170.

Neurath, Otto (1935) [1983]. The unity of science as a task. En M. Neurath y R. S. Cohen (eds.), *Otto Neurath. Philosophical Papers 1913-1946* (pp. 115-120). Dordrecht: Reidel.

Nickles, Thomas (1973). Two concepts of intertheoretic reduction. *Journal of Philosophy*, 70, 181-201.

O'Connor, Timothy y Wong, Hong Yu (2015). Emergent Properties. En E. N. Zalta (Ed.), *The Stanford Encyclopedia of Philosophy* (Summer 2015 Edition). Obtenido de: http://plato.stanford.edu/archives/sum2015/entries/properties-emergent/

Prigogine, Ilya y Stengers, Isabelle (1984). *Order Out of Chaos*. New York: Bantam Books.

Primas, Hans (1981). *Chemistry, Quantum Mechanics and Reductionism*. Berlin: Springer.

Primas, Hans (1998). Emergence in Exact Natural Sciences. *Acta Polytechnica Scandinavica*, 91, 83-98.

Putnam, Hilary (1975). Philosophy and Our Mental Life. *Mind, Language, and Reality: Philosophical Papers* (pp. 291-303). Cambridge: Cambridge University Press.

Putnam, Hilary (1981). *Reason, Truth and History*. Cambridge: Cambridge University Press.

Putnam, Hilary (1990). *Realism with a Human Face*. Cambridge MA: Harvard University Press.

Rohrlich, Fritz (1988). Pluralistic Ontology and Theory Reduction in the Physical Sciences. *The British Journal for the Philosophy of Science*, 39, 295-312.

Rueger, Alexander (2000). Physical Emergence, Diachronic and Synchronic. *Synthese*, 124, 297-322.

Schaffner, Kenneth (1993). *Discovery and Explanation in Biology and Medicine*. Chicago: The University of Chicago Press.

Schaffner, Kenneth (2013). Ernest Nagel and reduction. *Journal of Philosophy*, 109, 534-565.

Scerri, Eric y McIntyre, Lee (1997). The Case for the Philosophy of Chemistry. *Synthese*, 111, 213-232.

Silberstein, Michael y McGeever, John (1999). The search for ontological emergence. *Philosophical Quarterly*, 49,182-200.

Sklar, Lawrence (1967). Types of Inter-Theoretic Reduction. *British Journal for Philosophy of Science*, 5, 464-482.

Sklar, Lawrence (1993). *Physics and Chance*. Cambridge: Cambridge University Press.

Tolman, Richard (1938). *The Principles of Statistical Mechanics*. Oxford: Clarendon Press.

Torretti, Roberto (2000). Scientific Realism and Scientific Practice. En E. Agazzi y M. Pauri (eds.), *The Reality of the Unobservable: Observability, Unobservability and their Impact on the Issue of Scientific Realism* (pp. 113-122). Dordrecht: Kluwer.

Torretti, Roberto (2008). Objectivity: A Kantian Perspective. En M. Massimi (ed.), *Kant and Philosophy of Science Today* (pp. 81-95). Cambridge: Cambridge University Press.

Uffink, Jos (2007). Compendium of the Foundations of Classical Statistical Physics. En J. Butterfield y J. Earman (eds.), *Philosophy of Physics* (pp. 923-1074). Amsterdam: Elsevier.

van Riel, Raphael (2011). Nagelian reduction beyond the Nagel model. *Philosophy of Science*, 78, 353-375.

Wimsatt, William (1976). Reductive Explanation: A Functional Account. En R. S. Cohen, C. A. Hooker y A. C. Michalos (Eds.), *PSA 1974: Proceedings of the 1974 Meeting of the Philosophy of Science Association* (pp. 671-710). Dordrecht: Reidel.

ArtefaCToS. Revista de estudios de la ciencia y la tecnología
eISSN: 1989-3612
Vol. 7, No. 1 (2018), 2ª Época, 51-73
DOI: http://dx.doi.org/10.14201/art2018715173

La relevancia de los recursos cognitivos en un entrenamiento de natación sincronizada: El caso de andamiajes y *affordances*[†]

The Relevance of Cognitive Resources in Synchronized Swimming Trainings: The Case of Scaffoldings and Affordances

Dafne MUNTANYOLA-SAURA[*]; David CASACUBERTA[**];
Anna ESTANY[***]

[*] Universitat Autònoma de Barcelona, España
Centre d'Estudis Sociològics sobre la Vida Quotidiana i el Treball (QUIT)
Institut d'Estudis del Treball (IET)
dafne.muntanyola@uab.cat

[**] Universitat Autònoma de Barcelona, Departament de Filosofia, España
david.casacuberta@uab.cat

[***] Universitat Autònoma de Barcelona, Departament de Filosofia, España
anna.estany@uab.cat

Recibido: 10/01/2018. Revisado: 18/01/2018. Aceptado. 23/01/2018

Resumen

En el entrenamiento de natación sincronizada confluyen elementos artísticos y deportivos de alta competitividad. Nos preguntamos cómo contribuyen los andamiajes y *affordances* a la estabilización de los recursos cog-

[†] Este trabajo se enmarca en el proyecto del Ministerio de Ciencia e Innovación de España "Creatividad, revoluciones e innovación en los procesos de cambio científico". (Referencia FFI2014-52214-P).

Agradecemos a Anna Tarrés, entrenadora del equipo olímpico español de natación sincronizada, a su colaboradora Beth Fernández y a las nadadoras que obtuvieron la medalla de plata en el duo formado por Andrea Fuentes y Ona Carbonell y la medalla de bronce al conjunto del equipo en los Juegos Olímpicos de Londres 2012, por su disponibilidad para realizar este trabajo. También al Centro de Alto Rendimiento (CAR) por las facilidades en poder observar los entrenamientos.

nitivos de la entrenadora y de las nadadoras del equipo olímpico español de natación sincronizada. Vamos a detenernos en qué se entiende por recursos cognitivos y en los posibles sentidos de andamiaje y affordance. Y examinamos las pautas comunicativas y el proceso de trabajo que da lugar al entrenamiento de natación sincronizada. Proponemos una etnografía cognitiva de los entrenamientos, un método innovador que sistematiza los patrones de actividad de las interacciones locales entre los participantes de la formación deportiva. Hemos utilizado el programa ELAN e incorporado las técnicas de descripción jeffersonianas que provienen del método de análisis conversacional. Los resultados muestran cómo el proceso de entrenamiento implica la interacción en un entorno que incluye otros agentes sociales, recursos materiales y modelos conceptuales que se retroalimentan.

Palabras clave: entrenamiento; etnografía cognitiva; multimodalidad; movimiento.

Abstract

In synchronized swimming, highly competitive trainings arts and sports elements converge. We wonder how scaffoldings and affordances contribute to the stabilization of cognitive resources among the trainer and swimmers of the Spanish Olympic synchronized swimming team. We dwell on what is taken as cognitive resources and the role of scaffolding and affordances. We analyze communication patterns and examine the work process leading to synchronized swimming. We propose a cognitive ethnography on training, an innovative method that explains the patterns of activity of local interactions among participants in sports. We applied ELAN program and incorporated Jeffersonian transcriptions that come from conversational analysis method. Results show how the training process involves interaction in an environment that includes social agents, material resources and conceptual models that feed each other.

Keywords: *Training; Cognitive Ethnography; Multimodality; Movement.*

Introducción

En el entrenamiento de natación sincronizada en la que confluyen recursos conceptuales, materiales y sociales, entrelazados pero distinguibles, los recursos cognitivos son claves para cualquier actividad humana, desde las más simples hasta las más complejas, y desde las más cotidianas a las más especializadas, sean estas científicas, artísticas, deportivas, etc. Por tanto, no es de extrañar que una actividad como la natación sincronizada en la que confluyen elementos artísticos y deportivos de alta competitividad sean relevantes los recursos cognitivos y,

La relevancia de los recursos cognitivos en un entrenamiento de natación sincronizada:
El caso de andamiajes y *affordances*

53

muy especialmente, los scaffoldings (andamiajes) y las affordances.[1] "No somos dioses", aunque esta frase es una perogrullada, no está de más tenerla en cuenta a la hora de abordar las posibilidades y límites de la naturaleza humana. Podríamos referirnos a una gran variedad de situaciones en las que estas posibilidades y límites se hacen evidentes y también de la infinidad de recursos para superarlas.

El objetivo del artículo es analizar algunos de los recursos cognitivos más relevantes para la natación sincronizada, poniendo especial énfasis en andamiaje y affordance. En primer lugar, vamos a detenernos en qué se entiende por recursos cognitivos y en los posibles sentidos de andamiaje y affordance. En segundo lugar, examinaremos "las pautas comunicativas que tienen lugar en los entrenamientos de natación sincronizada del equipo olímpico español" (Muntanyola-Saura, 2015). Al mismo tiempo analizaremos "el proceso de trabajo que supone la natación al mantener los hechos tal y como suceden en que se sitúan las implicaciones cognitivas y la pertinencia social" (Muntanyola-Saura, 2015). Finalmente, nos preguntamos cómo contribuyen los andamiajes y *affordances* a la estabilización de los recursos cognitivos de la entrenadora y de las nadadoras del equipo olímpico de natación sincronizada.

Estudios recientes de claro cariz cognitivo van en la dirección de la "corporeidad" de la mente (o de la mente "corpórea") o con la expresión de conocimiento socialmente distribuido (Gibbs, 2006; Hollan, Hutchins y Kirsh, 2000). Los recursos cognitivos dentro de esta perspectiva no son un componente o instancia exclusivamente interna, sino que se externaliza en los procesos de trabajo: en las pantallas, protocolos, conversación, resultados, etc. De esta manera, los recursos cognitivos parecen ser andamiajes y *affordances* compartidas como objeto de acuerdo (o desacuerdo) entre los agentes intervinientes. Se ha de tener en consideración la importancia de la intervención de los artefactos en los procesos de trabajo. En este sentido, no se puede establecer una dicotomía entre acciones comunicativas, cognitivas y acciones instrumentales a partir de la distinción entre agentes humanos y los instrumentos de trabajo. Toda práctica interactiva proviene también y está mediatizada por los artefactos, máxime en los procesos de trabajo actuales: sistemas notacionales, automatización, mecanismos de información y cálculo, robotización, tecnologías cada vez más "inteligentes", que también están presentes en la preparación de los entrenamientos de natación sincronizada (Hutchins, 1995; Hutchins y Klausen, 1996; Lozares, 2001, 2007). Este enfoque tiene un gran valor añadido: explicando cómo se producen los mecanismos y procesos cognitivos (intencionales, representaciones, estrategias) y

---

[1] Los términos "scaffolding" y "affordance" son muy comunes en ciencia cognitiva, y no hay acuerdos para su traducción. Consideramos que "andamiaje" captura muy bien los conceptos y aplicaciones detrás de "scaffolding" y así lo dejaremos en este texto. "Affordance" por el contrario, es un término técnico del psicólogo Gibson a partir del verbo "to afford" que no permite una traducción elegante al castellano. "Permitir" o "Proporcionar" no tienen mecanismos sencillos para convertirse en nombres y "funcionamientos" es demasiado genérico. Ver en Lozares (ed.) (2007) la nota de la traductora sobre el término affordance en español.

resultados en entornos locales o situacionales desvela la caja negra de la psicología *folk*, y permite una explicación más integrada de la acción (Lozares, 2007; Muntanyola-Saura, 2014). La antropología cognitiva (D' Andrade, 1995; Hutchins, 2005) continúa la tradición durkhemiana de buscar una ontología de categorías cognitivas en los patrones relacionales y estructurales. En un marco weberiano, la acción es importante como parte de las tradiciones pragmáticas interactivas tales como la etnometodología (Garfinkel, 1967) la interacción simbólica (Goffman, 1961), la sociología cognitiva (Cicourel, 2012) y la etnografía (Knorr- Cetina, 1999; Wacquant, 2004).

Para analizar y localizar los andamiajes y affordances en tanto que recursos cognitivos comunicativos, proponemos una etnografía cognitiva de los entrenamientos de natación sincronizada (Williams, 2004). Se trata de un método naturalista basado en la observación y las entrevistas que sistematiza los patrones de actividad de las interacciones locales entre los participantes de la formación deportiva. En líneas generales se siguen los principios de la "grounded theory" (Corbin y Strauss, 1990) que mantiene el esquema de interpretación circular de los datos etnográficos. Como herramienta hemos utilizado el programa ELAN. Como innovación, hemos incorporado las técnicas de descripción jeffersonianas que provienen del método de análisis conversacional (Sacks et al., 1978). Se trata de una forma de transcripción que nos ha permitido entrar en el detalle de la interacción, no sólo a un nivel puramente lingüístico, sino a nivel multimodal, tomando en cuenta gestos, acciones corporales y otros elementos no verbales de comunicación.

1. Marco teórico de la investigación

1. 1. Génesis y polisemia de andamiajes y affordances

Un panorama exhaustivo de los sentidos de andamiaje y affordance va más allá de los objetivos de este trabajo. Lo que nos proponemos es ejemplificar la polisemia de este concepto y hacer ver sus raíces en los conceptos de andamiaje y affordance. A pesar de que a continuación dedicamos un apartado a cada uno de los conceptos, no partimos de una diferenciación establecida de antemano, sino que se trata de tomar uno de estos conceptos como punto de referencia, ver los diversos sentidos del mismo y, al mismo tiempo, analizar las posibles diferencias y semejanzas con el otro concepto.

La idea de andamiaje procede del psicólogo ruso Lev S. Vygotsky y tiene el sentido de la ayuda que los adultos proporcionan a los niños para aprender y desarrollar habilidades cognitivas complejas. Relacionado con la idea de andamiaje está lo que Vygotsky (1978) llama "zona de desarrollo próximo" (zone of proximal development), refiriéndose a la brecha que hay entre lo que un niño

La relevancia de los recursos cognitivos en un entrenamiento de natación sincronizada:
El caso de andamiajes y *affordances*

55

puede alcanzar solo y lo que puede alcanzar con la ayuda, bien de los adultos bien de la colaboración con otros niños, una idea que no puede separarse del enfoque sociocultural del desarrollo.

En la línea de Vygotsky encontramos en 1976 a Wood, Bruner y Ross (1976) que introducen el término andamiaje para describir la interacción tutorial entre un adulto y un niño, un sentido muy parecido al de Vygotsky. También Dunlap y Grabinger (1996, 242) utilizan el término andamiaje para referirse al apoyo de los educadores a los niños a través de guías adecuadas a la edad y a su nivel de experiencia. Estas guías son predominantemente conceptuales, aunque se utilicen elementos materiales como soporte para que puedan llevarse a cabo. Todas estas referencias tienen un denominador común que es el de la educación y el aprendizaje, en que los adultos (u otros niños, que se supone que ya han aprendido la lección y, por tanto, son más expertos) facilitan estos andamiajes.

La aplicación a la educación tendría su equivalente en la práctica científica en facilitar las tareas al aprendiz o becario por parte del experto o director del laboratorio. Precisamente en este sentido es relevante la utilización de Hutchins, refiriéndose a andamiajes como lo que facilita al novicio el aprendizaje de lo que en la navegación llama "guardia en cierta clase de barcos" (Standard Steaming Watch). Hutchins (1995, 280) señala que "el andamiaje proporcionado al novicio por los otros miembros de equipo está construido sobre lo que culturalmente se considera duro o fácil de aprender". Por tanto, la referencia de Hutchins está muy en consonancia con la primera idea de Vygotsky, relacionada con el aprendizaje y con el acento puesto en los modelos culturales.

Otro de los autores actuales que se refieren a andamiajes es Clark (2004), quien analiza diferentes sentidos de este concepto. Entre los más relevantes para la práctica científica podemos señalar los siguientes:

i. El andamiaje como instrumento conceptual; en este sentido el problema cuerpo/mente sería un andamiaje que nos ayudaría a comprender cómo el pensamiento y la razón humana surgen de la interacción entre cerebros materiales, cuerpos materiales y entornos culturales y tecnológicos (Clark, 2004,11).

ii. El andamiaje como ayuda crucial para el cerebro que, aunque potente, tiene sus limitaciones; en la misma línea está la idea de "pensar con andamios" (scaffolded thinking).

iii. El lenguaje como andamiaje que nos permite convertir nuestros propios pensamientos en objetos de reflexión. Cuando "congelamos" un pensamiento en palabras lo convertimos en objeto de análisis (Clark, 2004, 79).

El sentido i) sería una forma de andamiaje conceptual, de hecho, él mismo lo denomina "instrumento conceptual", lo cual implica que forma parte de algún modelo cultural, que pueden utilizar los que lo comparten. El sentido ii), por un lado, parece el que más en consonancia está con la idea original de Vigotsky, es decir, el andamiaje nos proporciona un recurso para aumentar nuestra capacidad cognitiva; por otro, hay una diferencia y es que Vigotsky piensa en un contexto educativo y en que quien proporciona el recurso son los padres y educadores en general, mientras que, en Clark, el recurso con el que piensa, fundamentalmente, es la tecnología o cualquier artefacto material como un bloc de notas o las tablas de sumar. Respecto al lenguaje como andamiaje, tal como lo toma Clark, parece que lo focaliza en la dimensión material en tanto en cuanto lo interpreta como una forma de "congelar" los pensamientos. Respecto al lenguaje como andamiaje es pertinente lo que Vigotsky señala sobre la relación entre lenguaje y pensamiento: "La relación del pensamiento con la palabra no es una cosa sino un proceso, un movimiento continuo de ida y vuelta del pensamiento a la palabra y de la palabra al pensamiento" (Vygotsky, 1962, 125).

Dentro de la evolución del tratamiento de andamiaje el estudio de Mascolo (2005), amplía y clasifica dicho concepto más allá de su concepción original. Mascolo utiliza la expresión "andamiaje interactivo" (coactive scaffolding) como el recurso cognitivo que ocurre "cuando elementos del sistema persona-entorno que se encuentran fuera del control directo de un actor individual dirige o canaliza la construcción de la acción de formas nuevas y no anticipadas" (Mascolo, 2005, 187). Por tanto, la clasificación es de los diferentes andamiajes interactivos, no de andamiajes sin calificativos.

Así distingue entre andamiaje social, ecológico y auto-andamiaje (Social, Ecological y Self-scaffolding). El social es el que más se adecuaría a la idea de Vigotsky, en tanto en cuanto lo relaciona con procesos mediante los cuales se producen intercambios con otras personas, sean entre educador y niño, experto y novicio, o entrenador y jugador. En cuanto al ecológico, M.F. Mascolo lo define en los términos siguientes: "se refiere a la manera en la que las relaciones o posiciones de uno dentro de una ecología física y social amplia mueve la acción hacia formas noveles". "Auto-andamiaje", se trata de que las acciones del propio individuo crean nuevas condiciones para nuevas formas de acción y de significado. Uno de sus ejemplos es el del juego del 'Scrabble' en que la acción del individuo al mover las fichas cambia las condiciones y proporciona nuevas formas de acción. En este sentido podemos verlo como andamiaje en el sentido de Vygotsky, pero en lugar de ser otros (los educadores) los que proporcionan recursos, son los propios individuos los que se los proporcionan a sí mismos. Así, en un experimento también sobre Scrabble diseñado por Maglio y Kirsh (Maglio et al., 1999), la hipótesis de trabajo es que a mayor manipulación de las letras de Scrabble, mayor es el volumen de palabras generadas por los jugadores expertos. Los resultados confirmaron que, efectivamente, la acción física de la manipulación (Kirsh las llama epistémicas en Maglio y Kirsh, 1994) es una forma de utilizar interactivamente

La relevancia de los recursos cognitivos en un entrenamiento de natación sincronizada:
El caso de andamiajes y *affordances*

57

el entorno físico externo, lo que nosotros consideramos una forma de andamiaje, un proceso de simplificación cognitiva cercano al andamiaje para uno mismo de Mascolo.

Otro de los autores relevantes, especialmente para la relación de andamiaje con la cognición distribuida (Hutchins, 2004; Kirsh, 1995) y la mente extendida (Clark, 2004), es R. Pea (2004) al sugerir que debe hacerse una distinción entre dos maneras de organizar los apoyos a los procesos de aprendizaje. Una manera es un eje social que busca modelar la respuesta interactiva que depende contingentemente de las necesidades del individuo que aprende, permitiéndole realizar acciones que no podría llevar a cabo sin ayuda. La otra manera es un eje tecnológico, que gira en torno a los artefactos y su diseño. La tesis de Pea es que no deben confundirse estos dos ejes, y en particular, que el andamiaje para el aprendizaje entre personas no es acerca de los usos de artefactos tecnológicos, sino acerca de prácticas sociales que han surgido a lo largo de milenios (Pea, 2004, 430).

El concepto de affordance está ligado, inicialmente, a la obra de Gibson y es particularmente relevante su teoría de la percepción que expuso en su obra *The ecological approach to visual perception*, publicado en 1979. Según Gibson, la percepción es holística e integrada en un marco ecológico, de manera que las propiedades del entorno se perciben no como puntos diferentes y aislados sino como entidades significativas dentro de un determinado contexto ecológico de variables relacionadas entre sí. En este marco las affordances son relativas a la especie o grupo para el que tiene que facilitar la tarea (Gibson, 1979, 128). Por tanto, algo constituye una *affordance* no en términos absolutos sino en relación a un contexto determinado y para una especie determinada. En este sentido puede haber *affordances* que lo sean para los humanos y no para otras especies, y a la inversa.

También en el caso de affordance podemos seguir su evolución a través de distintos autores que han tomado esta idea de Gibson aplicándola a distintos campos. Lo que interesa es ver algunas de las caracterizaciones más relevantes, su adecuación o distanciamiento de la idea original de Gibson y las posibles semejanzas y diferencias.

Uno de los autores que ha utilizado el concepto de affordance es D. Norman, con algunas diferencias importantes respecto a Gibson. Para Gibson las *affordances* constituyen posibilidades de acción en el medio en relación a las capacidades de acción de un actor; son independientes de la experiencia y el conocimiento del actor; y tienen una existencia binaria, es decir, una *affordance* existe o no. Para Norman las *affordances* son propiedades percibidas que pueden existir o no en la realidad; constituyen sugerencias y claves para saber cómo utilizar las propiedades de un objeto; pueden depender de la experiencia, el conocimiento, o la cultura del actor; y pueden hacer que una acción sea fácil o difícil (McGrenere y Ho, 2000, 3).

En la literatura sobre affordance también encontramos aproximaciones que nos proporcionan un panorama de los posibles sentidos de affordance. Especialmente interesante es el análisis de C.F. Michaels (2003), quien considera una serie de características relevantes de las affordances, señalando algunas diferencias con Gibson. Una de ellas es sobre la relación entre affordance y acción. Según Michaels, Gibson concibe que algo es una affordance si posibilita una acción, aunque no se lleve a cabo. Por ejemplo, una serpiente es una affordance para detectar el peligro, lo cual puede llevar a una acción, pero no necesariamente. Por tanto, indica una posible acción, pero no de forma automática. La postura de Michaels es que, si ampliamos tanto el concepto de affordance, éste queda diluido y puede llevar a confusión. Esto le lleva a relacionar affordances con "effectivities" (efectividades). La idea es que mientras las affordances constituyen propiedades del entorno que permiten a un animal realizar ciertas acciones, las efectividades serían las propiedades del animal que hacen posible realizar dicha acción. Si no encajan estas dos posibilidades la acción no puede llevarse a cabo. Michaels propone una relación más directa entre affordance y acción.

Según el filósofo de la percepción A. Noë (2004) la mirada, como experiencia visual, es una actividad de exploración que está mediada por nuestras habilidades sensorio- motrices. La mirada se convierte en un tipo de acción, como un gesto de las nadadoras o un movimiento en el agua. Noë, con una postura fenomenológica cercana a H. Dreyfus (1998), afirma: "Confiamos en que tenemos la habilidad de acceder a los detalles (de nuestra realidad física) con el movimiento, como base para nuestra sensación de presencia en el entorno como un todo (Noë, 2004, 51). La mirada, entonces, no tiene solamente un carácter individual, sino también está relacionada con las affordances de nuestro entorno físico y social.

Esta relación de affordances y acción tiene que ver con una de las ideas que subyacen a todo el tratamiento de las affordances, a saber: la interrelación entre percepción y acción. En uno de los que está explícito es en el artículo de Stroffregen et al. (2006). Estos autores argumentan que cuando decimos que la gente percibe affordances lo que percibe son posibles acciones que están disponibles en una determinada situación. En deporte, el concepto de affordance está siendo trabajado con éxito dentro de la perspectiva dinámica ecológica, encabezado por D. Araujo y colaboradores (Araujo et al., 2015). Dentro de la psicología del deporte, Araujo trabaja con una perspectiva externalista del proceso de entrenamiento que, en línea con el análisis que proponemos aquí, busca distanciarse del modelo individualista e internalista imperante dentro de esta disciplina.

1.2. Recursos cognitivos para la estabilización del conocimiento

La característica común de andamiaje y affordance es la de recurso cognitivo, pero para que sea eficaz no puede ser fugaz, ni siquiera pasajero. Se necesita poder estabilizar, al menos hasta cierto punto, dichos recursos. Y aquí es donde interviene la propuesta de R. F. Williams (2004, 5) sobre las formas de estabilizar el conocimiento que, en realidad, funcionan como soportes cognitivos. Williams se plantea la siguiente pregunta: "Dado nuestro limitado aparato conceptual, ¿cómo somos capaces de aprender conceptos complejos, para llevar a cabo procedimientos de cálculo complicados, y para mantener los logros cognitivos de nuestra especie en el tiempo, incluso construir sobre ellos, a través de múltiples generaciones?". La respuesta a esta cuestión es que los humanos disponemos distintas formas de superar estas limitaciones. Aquí Williams introduce tres formas o estructuras de estabilizar las conceptualizaciones, a saber: conceptual, material y social.

Primero, los recursos conceptuales incluyen diversas formas de organizar la información, por ejemplo, los "chunks" de Miller (1956) o los "frames" de Minsky (1975). También lo que Schank and Abelson (1977) llaman "scripts", como patrones de estructuras de acontecimientos, pueden considerarse recursos conceptuales, por ejemplo, cómo pedir comida en un restaurante o cómo asumir el rol de profesor. Todas estas formas de organizar la información podemos considerarlas como modelos conceptuales. Segundo, los recursos sociales son modelos conceptuales compartidos por los miembros de un mismo grupo, que D'Andrade (1989) denomina "modelo cultural". Son precisamente los modelos conceptuales y culturales los que permiten la comunicación y el entendimiento entre los humanos. Más específicamente, D'Andrade (1995, 45) afirma que la complejidad de la sociedad humana no sería posible sin la existencia de símbolos lingüísticos (palabras, pero también números) que nos permiten discriminar o agrupar la información en nuestra memoria de por sí precaria. En último término la base de los modelos culturales es simbólica y, a la vez, corpórea: según Williams (2004, 6), "Dado que los humanos tienen la misma configuración corporal y habitan el mismo mundo, los esquemas de imagen corpórea son universales para todos los seres humanos con un desarrollo normal". Es un recurso social en el sentido de que es la organización e interacción social la que hace posible intercambiar y compartir modelos conceptuales, pero al mismo tiempo vemos que ambos tipos de recursos están relacionados, ya que no es concebible un modelo cultural sin modelos conceptuales. Tercero, los recursos materiales son todas las huellas dejadas por los humanos que, en un momento determinado de la evolución, pudieron suponer la supervivencia y que ahora constituyen un ahorro cognitivo, si no para la supervivencia, sí para facilitar nuestra actividad como humanos. Ejemplos de recursos materiales hay muchos y de muy diversa índole, desde edificios y señales de tráfico, hasta la distribución de objetos en el espacio cotidiano. Además, los humanos construimos objetos y los introducimos en el entorno para facilitar la actividad cognitiva, a modo de memoria externa.

A fin de poner a prueba su propuesta Williams lo aplica a la actividad cognitiva de decir la hora (*Daily Time-telling*). La relevancia de esta actividad está en que intervienen los tres recursos mencionados: decir la hora implica que una persona interacciona con un artefacto (el reloj), lo cual requiere un modelo conceptual y un recurso material; además, aprender a decir la hora requiere instrucción, lo cual implica interacción social. En conclusión, es un caso de actividad cotidiana en la que confluyen recursos conceptuales, materiales y sociales, entrelazados pero distinguibles.

1.3. Andamiajes y affordances como estabilizadores del conocimiento

A partir de la cuestión planteada por Williams y D'Andrade sobre la complejidad cultural a la que la individualidad cognitiva y limitada de nuestra mente se tiene que enfrentar, planteamos aquí la necesidad de los procesos de estabilización para rutinizar lo aprendido y hacer posible la transmisión de conocimientos en la vida cotidiana y profesional. Por lo tanto, podemos analizar el rol de los andamiajes y affordances como recursos conceptuales, sociales y culturales como instrumentos de estabilización. Esta cuestión la podemos abordar en dos sentidos, por un lado, hasta qué punto andamiajes y affordances constituyen medios para estabilizar conocimiento (teórico y práctico); por otro, hasta qué punto los procesos de estabilización son la base para la efectividad de andamiajes y affordances a largo plazo. En último término, los recursos y la estabilización de los mismos son como las dos caras de una moneda. Supongamos que existe una affordance en el entorno que nos proporciona la oportunidad de poder subir la escalera, pero lo interesante es que este conocimiento perdure y que en otra ocasión parecida cuando veamos una escalera la percibamos como una affordance. Para que esto ocurra necesitamos que se estabilice este conocimiento. En sentido inverso, en los ejemplos de estabilización, podemos pensar que un andamiaje es una forma de estabilizar un conocimiento.

Teniendo en cuenta las diversas aproximaciones de andamiajes y affordances, podemos encontrar ejemplos de la interacción entre dichos conceptos y las formas de estabilización de Williams (2004). Así el eje social de Pea (2004) equivaldría a la forma social de estabilizar el conocimiento de Williams; y el eje tecnológico equivaldría a la forma material de estabilizar el conocimiento, siempre que lo material lo entendamos en sentido más amplio que lo tecnológico. Por tanto, podríamos decir que el eje tecnológico equivale a la forma material-tecnológica de estabilizar el conocimiento. Además, introducir un eje material no es incompatible con el eje social, ya que cualquier artefacto es un producto humano. De hecho, podemos encontrar en Pea (2004, 430) afirmaciones que van en la línea de una imbricación entre lo social y lo tecnológico: "El desafío teórico es que, para la especie humana, las herramientas y las tecnologías simbolizadoras (como el lenguaje escrito y los sistemas numéricos) se encuentran entre nuestros logros culturales más significativos", aunque, a veces, parece abogar por una distinción más radical.

La relevancia de los recursos cognitivos en un entrenamiento de natación sincronizada:
El caso de andamiajes y *affordances*

61

2. Métodos

Las observaciones se llevaron a cabo en la primavera de 2012, con 2 cámaras de vídeo. La negociación definitiva de entrada se inició en el Centro de Alto Rendimiento (CAR) del equipo olímpico español. Los autores estuvieron siguiendo al equipo en su día a día, observando cómo se distribuía el conocimiento, y cómo se tomaban decisiones. Tanto la entrenadora principal (Anna Tarrés) y la segunda entrenadora (Beth Fernández) como las nadadoras participaron en la observación y las entrevistas. El proceso de investigación se ha desarrollado en tres pasos: el acceso al campo, la recogida de los datos empíricos (notas y vídeo de campo) y el análisis y visualización de los resultados con el programa ELAN (figura 1). El programa ELAN fue desarrollado originalmente por el Instituto Max Planck de Psicolingüística para el análisis de micro-gestos e interacciones (Brugman y Husserl, 2004).

Los códigos de análisis se construyeron a través de lecturas, discusiones y conversaciones informales con los participantes (Corbin y Strauss, 1990). Definimos y determinamos un proceso estandarizado del entrenamiento que incluye los participantes, las herramientas o artefactos, las interacciones y/o acciones, y el contenido general de la Interacción comunicativa del entrenamiento, como vemos en las figuras incluidas en el apartado de análisis. Schegloff (1996) enumera varias acciones que tienen lugar en la toma de turnos, como girar la cabeza hacia el futuro co-participante de la interacción, gesticular (Streeck y Hartge, 1992), sonreír, aspirar o simplemente, hablar. Mondada (2009) señala también que la fase de apertura de los encuentros conversacionales se logra cuando los participantes metódicamente movilizan una serie de recursos posibles: trayectorias y posturas corporales, miradas, y todo el elenco de actos verbales, como palabras, gritos e interjecciones. La mirada también se convierte en un tipo de acción, como un gesto de las nadadoras o un movimiento en el agua.

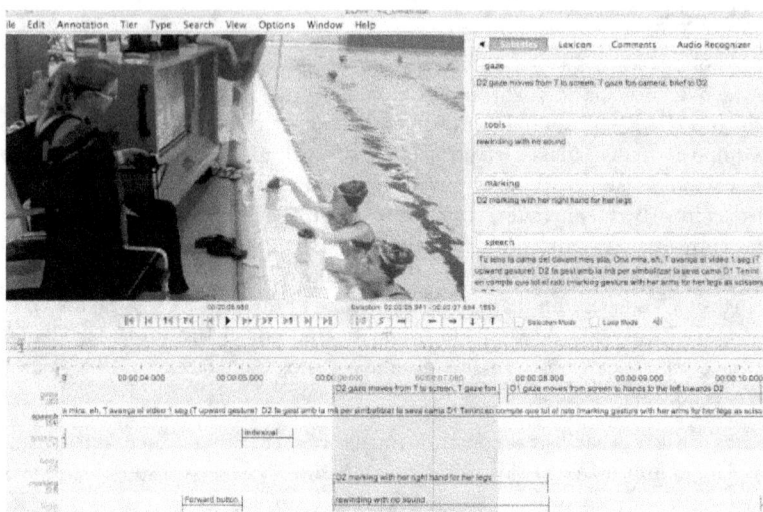

Figura 1. Análisis del proceso de entrenamiento de natación sincronizada, CAR, 2012. Anna Tarrés con Andrea Fuentes y Ona Carbonell.

3. Resultados y discusión

Desde una perspectiva cognitiva estos ensayos son muy relevantes, pues están a medio camino entre un proceso creativo y uno reproductivo. Siguiendo ideas de M. Csikszentmihalyi (2014) en buena parte de las disciplinas humanas podemos distinguir una fase creativa de una reproductiva. Por ejemplo, inventar una nueva coreografía, una nueva composición de piano o una nueva receta de arroz es un proceso creativo. Una vez la pieza musical, la receta o la coreografía están fijadas, los intérpretes básicamente la repiten. Es un proceso reproductivo.

En nuestro estudio nos encontramos con una combinación de ambas fases: no se trata simplemente de un proceso puramente creativo, como podría ser la entrenadora Anna Tarrés y las principales nadadoras imaginando posibles movimientos y cómo articularlos con la música que han decidido utilizar, ni tampoco un mero ejercicio de perfeccionar unos movimientos ya establecidos e inamovibles -que serían los ensayos finales- sino son unos ensayos prueba-error, en los que se observa si determinados movimientos imaginados realmente funcionan bien y son aplicables por las nadadoras, si estéticamente funcionan, si serán lo suficientemente interesantes como para permitir obtener una medalla en una competición, etc. En el momento de hacer el estudio las nadadoras principales que hicieron en Londres 2012, ganadoras de la medalla de plata, eran el dúo Andrea Fuentes y Ona Carbonell. Como grupo ganaron la medalla de bronce.

La relevancia de los recursos cognitivos en un entrenamiento de natación sincronizada:
El caso de andamiajes y *affordances*

63

En este proceso distribuido de redefinición de una coreografía observamos tres tipos de cambios y revisiones, confirmados después en entrevistas con entrenadoras y nadadoras:

i.   Cambios directos ordenados por las entrenadoras al observar que algo no funciona o que es mejorable. Normalmente hay una negociación entre la entrenadora principal y la secundaria hasta que se toma la decisión. A veces las nadadoras principales son incluidas también en el debate.

ii. Cambios que surgen de observaciones directas de las nadadoras, son negociados con las entrenadoras y finalmente aceptados. Estos cambios se dan en un menor número que los descritos en i) pero pueden ser tan relevantes para la coreografía final como los tomados ahí.

iii. Cambios resultados de observar en los monitores de vídeo lo que las nadadoras han hecho (feedback). Hay un consenso básico entre nadadoras y entrenadoras sobre lo que ha funcionado y lo que no y entrenadoras o nadadoras proponen un cambio concreto para solucionar el problema. Los problemas detectados desde este mecanismo son básicamente de tres tipos: 1) hay un problema de sincronización entre nadadoras que requiere un mayor esfuerzo de focalización por parte de alguna de ellas, 2) cierta secuencia de movimientos no parece que pueda ser lograda por el equipo y debe ser abandonada, y 3) hay un gran salto visual entre cómo se imaginaban una escena y cómo resulta en realidad con lo que hay que replantear parte o la totalidad de la secuencia.

En términos de estabilización de recursos conceptuales, objetivo general de este artículo, procederemos a describir los elementos más relevantes de las pautas comunicativas de los entrenos observados para así establecer su función dentro de un esquema de andamiajes y affordances.

i.   Un lenguaje gestual para referirse de forma relativamente precisa a gestos específicos de la coreografía (figura 2). Por ejemplo, levantar la mano y desplazar los dedos índice y medio para indicar un movimiento similar de las nadadoras mientras están cabeza abajo y desplazando las piernas con un movimiento similar.

ii. Los movimientos de las otras nadadoras que sirven como guía para recordar qué movimiento toca y observar si se está haciendo la coreografía tal y como debía ser (figura 3).

iii. Monitores de vídeo al borde de la piscina para que las nadadoras puedan observarse después una vez acabado el ensayo de un grupo determinado de movimientos que se están redefiniendo (figura 4). Diversas cámaras de vídeo graban los movimientos de las nadadoras por encima y por debajo del agua y registran sus movimientos durante los ensayos. Las cámaras bajo el agua se usan normalmente asociados al trabajo biomecánico y tienen una función central en los ensayos que observamos para este artículo.

3.1. El lenguaje gestual como dispositivo cognitivo

¿Qué tipo de andamiaje son estos gestos que permiten a las nadadoras y entrenadoras referirse de forma clara y rápida a movimientos específicos? Siguiendo las ideas de Pea indicadas en la sección 1, este lenguaje gestual *qua* andamiaje es una práctica social y no solamente tecnológica. El uso de las manos para codificar movimientos y secuencias de una coreografía sería un andamiaje basado en prácticas sociales que vienen del mundo de la danza y se importaron en la natación sincronizada.

Observemos que no se trata de una mera asimilación de un lenguaje ajeno, sino que nos encontramos con un proceso de adaptación. La natación sincronizada incluye movimientos altamente improbables en danza clásica o contemporánea como puede ser estar cabeza abajo con los brazos pegados al cuerpo mientras las piernas se mueven frenéticamente hacia adelante y hacia atrás. De la misma forma, una buena parte del repertorio de la danza en suelo no tiene sentido en un medio acuático.

La relevancia de los recursos cognitivos en un entrenamiento de natación sincronizada:
El caso de andamiajes y *affordances*

65

```
      S1 & S2 gaze to screen.
      **S2 grabs the bottle**
01    Has de tancar You must close|
02    S2 looks at T
      +Small marking rotating right hand 2 fingers for legs+
03    des d'aqui from here
04    **S2 nods**
      #5 +Small marking with right hand 2 fingers for legs+
05    Has de tancar You must close
      +Small marking with right hand 2 fingers for legs+
      O sigui de fet aquest element So in fact this element
      **S2 drinks**
      Per treure el 10 To get the maximum score (10)
      +Marking right hand forward 2 fingers for legs forward+
      +Right foot kick+
06    #6 S1 gaze from the screen to T
```

Figura 2. Ejemplo de gesto con contenido conceptual que constituye parte del andamiaje de la coreografía.

Este proceso de adaptación es posible al tratar también los gestos como affordances. La teoría más relevante aquí para entender estas affordances es más la original de Gibson (1979) que la revisada por Norman (1999). Así el gesto del dedo índice y medio moviéndose para indicar un desplazamiento no es convencional, sino un gesto natural que se entiende de manera intuitiva. Una prueba indirecta de ello es cómo los autores entendieron el gesto la primera vez que lo vieron en acción en la piscina, sin necesidad de que nadie del mundo de la natación sincronizada tuviera que explicárselo.

Si seguimos las ideas de Mascolo (2005), tenemos otro argumento a favor de un andamiaje social. Este lenguaje gestual deviene procesos mediante los cuales se producen intercambios con otras personas, en este caso, hacer referencia a movimientos concretos en una secuencia coreográfica. Secundariamente, podemos ver también aquí un caso de "personal scaffolding" en los que una nadadora individual utiliza los gestos para memorizar mejor una secuencia concreta. Es algo que pudimos observar varias veces en las nadadoras responsables del dúo, que antes de empezar un nuevo ensayo, flotando sobre el agua repetían una secuencia de gestos con las manos para recordar los movimientos que iban a desarrollar en el agua segundos después.

Siguiendo las ideas de D'Andrade (1995) podríamos decir que el lenguaje gestual de movimientos coreográficos es un "modelo cultural". Y su raíz social se establece en un wittgensteniano "compartir una forma de vida" que presenta Williams (2004), tal y como queda explicado arriba, cuando observa que los esquemas corporizados son universales. Esta interacción entre modelo cultural y modelo conceptual, entre práctica social y naturaleza corporal es lo que hace que estos esquemas sean tan estabilizadores y funcionen tan bien como andamiajes cognitivos.

¿Cuál es la función del andamiaje? Facilitar el aprendizaje y la comprensión de las coreografías. Desde la perspectiva de Andy Clark (2004), nos encontramos así con el segundo sentido de andamiaje, la idea de "pensar con andamios": El andamiaje como ayuda crucial para el cerebro que, aunque potente, tiene sus limitaciones. Aunque se trate de un lenguaje, claramente no es el sentido 1 de Clark de andamiaje como instrumento conceptual que permita a las nadadoras nuevos pensamientos acerca de esos movimientos.

3.2. La ayuda cognitiva de los movimientos de las compañeras

Una coreografía en natación sincronizada tiene sentido al implicar la sincronización con los movimientos de como mínimo otra persona (dúo) o un grupo. Ese requisito se convierte también en una ayuda en los procesos de ensayo al convertirse los gestos de las demás nadadoras en un recordatorio y una guía de qué ha de hacer una nadadora específica.

Podrían considerarse así una affordance en el sentido de Norman. Aunque hay ciertos principios ecológicos y de materialidad específica asociado a cómo se desarrollan ciertas secuencias de movimientos (la naturaleza del agua y la estructura del cuerpo humano hace que ciertos movimientos sean naturales, otros extraños, y otros directamente imposibles) el núcleo de una coreografía es resultado de una serie de convenciones: que haya que hundirse después de haber hecho una voltereta en la superficie es una convención establecida en el proceso creativo de la coreografía y ver cómo las compañeras empiezan a hacer el gesto de hundirse es una affordance estilo Norman que nos recuerda cuál es el siguiente movimiento que debemos hacer, estableciéndose así cierta interconexión entre percepción y acción (Wilson, 1977), Mountjoy, 1999). Dicho de otra forma, según las ideas de Stroffregen et al. (2006) "Affordances in the design of enactive systems" cuando decimos que las nadadoras y la entrenadora perciben affordances lo que perciben son posibles acciones (en nuestro caso movimientos coreografiados) que están disponibles en una determinada situación (en la piscina de entrenamiento).

La relevancia de los recursos cognitivos en un entrenamiento de natación sincronizada:
El caso de andamiajes y *affordances*

67

07   T *Però si ella pot fer-ho*, *això*, *ho pot fer*, *a veure*. But <u>she</u> can <u>do</u> it, this, she can do it, let's see
+Pointing twice+
<u>Looking at S1</u>
<u>S1 gaze from her hand to the screen</u>

08   **S2 does it once**
<u>T looking and talking to S1, then both look at S2 in silence</u>
+Chin forward+

09   **S2 does it again without getting out of the water **

10   #16 S1 *Es que encara carrega* She is still charging

11   T *Clar* . Of course.

Figura 3. Los movimientos de las otras nadadoras del equipo con Anna Tarrés y Beth Fernández como andamiaje conceptual.

Los movimientos de las otras nadadoras invitan a la acción, mediante unas pautas de comunicación multimodal las nadadoras se miran las unas a las otras, como vemos en la figura 2, pero también hablan entre ellas y con la entrenadora. La multiplicidad de modalidades utilizadas confirma la complejidad del proceso comunicativo. Precisamente, D'Andrade (1995) da un paso más y habla de la intersubjetividad de tales recursos cognitivos. El gesto de la nadadora es parte del tejido de significaciones de su equipo, de unos significados compartidos. Desde la cognición distribuida, se han definido estrategias de andamiaje parecidas en danza (Keevallik, 2010, Muntanyola-Saura y Kirsh, 2010, Muntanyola-Saura, 2015) con el nombre de marking (marcaje). Estos gestos vendrían a ser una estrategia cognitiva común a bailarinas y nadadoras, así como a los músicos y otros artistas que trabajan con el cuerpo. Permite que las nadadoras se comuniquen sin hacer el movimiento o la acción completa, mediante la selección parcial de aspectos tales como el peso, la velocidad, la dirección o la dinámica.

3.3. El vídeo como andamiaje

Las cámaras de vídeo son un instrumento central en el proceso de redefinición de una coreografía. La cámara de vídeo se ha convertido en un acompañante de cualquier deporte olímpico, pero en natación sincronizada es especialmente importante pues a diferencia de otros deportes terrestres, una parte relevante de las acciones que se están llevando a cabo no son prácticamente observables por las nadadoras al encontrarse bajo el agua. Así, cuando el equipo olímpico está cabeza abajo y agitando las piernas, las nadadoras no tienen otra forma de ver el efecto final ni si están realmente sincronizadas o no más que viendo el vídeo de su actuación. La aparición de la cámara de vídeo ha permitido la creación de coreografías complejas en natación sincronizada que habrían resultado bastante difíciles de completar sin su ayuda.

El vídeo es un recurso material de uso extensivo en este proceso de revisión y readaptación de coreografías. Cumple la función indicada de memoria externa, y es una parte natural del entorno. Cualquier equipo de natación sincronizada que aspire a conseguir algún hecho relevante dispone de un sistema mínimo de visualización y memorización en vídeo (Sydnor, 1998).

Es fácil ver que la cámara de vídeo actúa como andamiaje. Más específicamente como andamiaje en el sentido 3 de Clark, como "congelador del pensamiento". Gracias a la cámara, las nadadoras pueden reflexionar sobre su "performance" anterior y comprobar sus errores personales en movimiento y en coordinación.

```
00    +T presses the camera button twice searching for the video snippet+
      ((S1 & S2 by the swimming pool staring at the screen))
      *S1 grabs her bottle and drinks*
      T TU TENS LA CAMA del davant
      +Upward hand gesture+
      Looking at the camera
      *S1 drinks*
      més alta, S2. S2, mira.
      Gaze towards S2 and back to camera
      +T brings the video forward one second+
       Ho veus?  Do you see it?
      +Upward hand gesture+
      Looking at S2 and back to camera
```

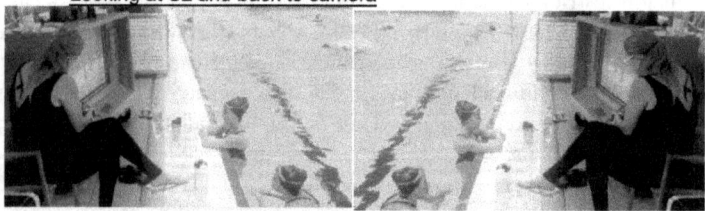

Figura 4. El vídeo y el monitor como artefactos cognitivos.

La manipulación de la cámara por parte de la entrenadora resulta una simplificación del proceso de memorización y de perfeccionamiento del proceso creativo. Este andamiaje parece encajar con la idea de proyección y simplificación de Magio y Kirsh (1995), que consideran las manipulaciones externas como andamiajes eficientes y prevalentes en el conocimiento experto.

La relevancia de los recursos cognitivos en un entrenamiento de natación sincronizada:
El caso de andamiajes y *affordances*

69

3.4. ¿Qué hora es en la piscina?

El entrenamiento de natación sincronizada es una actividad organizativa en el sentido de Noë (2015). En su recién publicado libro sobre estética y neurociencia, el filósofo rechaza la posibilidad de reducir la percepción y la actividad artística a un fenómeno psicológico como el de la percepción o la atención. El arte como actividad social escapa a las explicaciones causales de otros procesos como la fotosíntesis o la percepción de los colores. Cuando el equipo de natación entrena, entra en un proceso de investigación de su entorno, revisando sus creencias sobre cómo tiene que ser una coreografía y abriendo las puertas a nuevos movimientos. La sensibilidad artística, por lo tanto, tendría más en común con la actividad científica de investigación, o con el acto reflexivo de contemplarnos a nosotros mismos y al lugar que ocupamos en el mundo, que con un simple acto de percepción de una escalera de colores Pantone.

Si seguimos la forma en que Williams (2004) describe el proceso de dar la hora, veremos que sus ideas son fácilmente trasladables al mundo de la natación sincronizada. La diferencia central estaría en el hecho de que la acción de dar la hora es una actividad básicamente individual mientras que el proceso de redefinición de coreografías es una acción básicamente grupal. Observemos, en primer lugar, la importancia de una serie de recursos materiales: las cámaras de vídeo y los respectivos monitores. Las personas interactúan con estos recursos materiales desde un modelo conceptual específico que les permite ver errores, aciertos, cambios, mejoras donde nosotros no vemos más que una serie de nadadoras realizando movimientos peculiares en el agua. Este modelo conceptual se refuerza según se van observando movimientos de natación sincronizada, ayudando al aprendizaje de las nadadoras individuales.

Aquí entra la dimensión social, pues el aprendizaje de dar la hora es resultado no sólo de la interacción con el reloj, sino también con familia y educadores que nos explican todo el modelo conceptual asociado a dar la hora, así como las pautas metodológicas concretas para leer la hora en un reloj, etc.

Más específicamente, la propia coreografía es un modelo conceptual, que intenta capturar un evento concreto describiendo con detalle de qué forma se va a bailar en un campeonato específico. Vemos así la revisión del concepto a partir de las prácticas específicas capturadas por el vídeo y visualizadas por el monitor, siguiendo también el modelo de "herramienta extraña" de Nöe (2015).

Aplicaciones prácticas

Gracias a los datos obtenidos por una etnografía cognitiva de unas sesiones de entrenamiento de natación sincronizada del equipo olímpico español, hemos podido comprender cómo contribuyen les andamiajes y *affordances* a la estabilización de los recursos cognitivos de la entrenadora y de las nadadoras.

Mediante un análisis conversacional de las interacciones comunicativas entre las entrenadoras y las nadadoras, hemos visto cómo la coreografía de la natación sincronizada se redefinía y transformaba en función de los problemas que iban apareciendo. Se han producido a veces divergencias muy relevantes que podían implicar transformar todo un grupo de movimientos, alterar la música original e incluso abandonar bloques supuestamente centrales de la coreografía. En lugar de un único núcleo decisorio, un ejercicio unidireccional en el que la entrenadora Anna Tarrés y su colaboradora Beth Fernández se encargarían de indicar cómo debían comportarse las nadadoras en todo momento, nos encontramos con un cambio un proceso de cognición distribuida, en el que las decisiones de revisar y transformar la coreografía eran resultado de un complejo proceso en el que ciertamente las entrenadoras tienen un papel central, pero en el que también participaban las nadadoras líder -responsables del dúo- las nadadoras del equipo, con un peso algo menor, y los datos ofrecidos por diferentes aparatos, especialmente las cámaras de vídeo, que eran, como hemos visto, determinantes.

Primero, hemos visto cómo el lenguaje gestual es dispositivo cognitivo en la línea de los andamiajes. Los gestos permiten tanto a las entrenadoras como a las nadadoras referirse de forma clara y rápida a movimientos específicos. Este lenguaje gestual *qua* andamiaje es una práctica social y no solamente tecnológica. El uso de las manos para codificar movimientos y secuencias de una coreografía sería un andamiaje basado en prácticas sociales que vienen del mundo de la danza y que probablemente se importaron en la natación sincronizada. Segundo, la multiplicidad de modalidades utilizadas confirma la complejidad del proceso comunicativo, que incluye el movimiento de las compañeras, una modalidad que podemos considerar de marcaje distribuido. Tercero, es fácil ver qué cámara de vídeo actúa como andamiaje. Más específicamente en el sentido que le da Clark (2004) de "congelador del pensamiento". Gracias a la cámara, las nadadoras pueden reflexionar sobre su performance anterior y comprobar sus errores personales en movimiento y en coordinación.

En definitiva, el proceso de revisión de una coreografía implica la interacción con un complicado entorno que incluye otros agentes sociales, recursos materiales, modelos culturales y conceptuales que se retroalimentan e influyen, pero que son finalmente distinguibles.

La relevancia de los recursos cognitivos en un entrenamiento de natación sincronizada·
El caso de andamiajes y *affordances*

71

Referencias bibliográficas

Araújo, D., Teques, P., Hernández-Mendo, A., Reiga, R. y Anguera. M. T. (2015). La toma de decisión, ¿es una conducta observable?: Discusión sobre diferentes perspectivas teóricas utilizadas en el estudio del rendimiento deportivo. *Cuadernos de Psicología del Deporte,* 16(1), 183-196.

Muntanyola-Saura, Dafne (2014). A cognitive account of expertise: Why Rational Choice Theory is (often) a Fiction. *Theory y Psychology,* 24, 19-39.

Muntanyola-Saura, Dafne (2015). Distributed Marking in Sport Corrections: A Conversation Analysis of Synchronized Swimming. *Journal of Cognitive Science*, 16(3), 338-354.

Muntanyola-Saura, Dafne y Kirsh, D. (2010). Marking as Physical Thinking: A Cognitive Ethnography of Dance. En L. A. Pérez Miranda y Aitor Izagirre Madariaga (Eds.), *Proceedings of the IWCogSc-10 ILCLI International Workshop on Cognitive Science* (pp. 339-355). Donosti: Universidad del País Vasco/Euskal Herriko Uniberrsitatea-Servicio de Publicaciones.

Csikszentmihalyi, M. (2014). *The Systems Model of Creativity*. Dordrecht: Springer.

Clark, A. (1997). *Being there: Putting body, brain, and world together again*. Cambridge, Massachusetts: MIT Press.

D'Andrade, R. (1995). *The Development of Cognitive Anhtropology*. Cambridge, Massachusetts: MIT Press.

Cicourel, Aaron. (2006). The Interaction of discourse, cognition and culture. *Discourse Studies*, 8(1), 25-29.

Garfinkel, Harold. (1967). *Studies in Ethnometodology*. Los Angeles: Polity Press.

Gibson, J.J., (1979). *The ecological approach to visual perception*. Boston: Houghton Mifflin.

Goffman, Erwin. (1961). *Asylums*. New York: Anchor Books.

Hutchins, E. (1995a). *Cognition in the wild*. Cambridge, MA: MIT Press.

Hutchins, Ed. (2005). Material Anchors for Conceptual Blends. *Journal of Pragmatics*, 37, 10.

Keevallik, L. (2010). Bodily quoting in dance correction. *Research on Language and Social Interaction,* 43(4), 401-426.

Kirsh, D., y Maglio, P. (1994). On distinguishing epistemic from pragmatic action. *Cognitive Science*, 18, 513-549.

Kirsh, D. (2013). Embodied Cognition and the Magical Future of Interaction Design. *ACM Transactions on Computer Human Interaction*, 20, 1-30.

Knorr-Cetina, Karin. (1999). *Epistemic Cultures*. Cambridge: Harvard UP.

Lozares, C. (ed.) (2007). *Interacción, redes sociales y ciencias cognitivas*. Granada: Comares.

Mascolo, M. F. (2005). Change processes in development: The concept of coactive scaffolding. *New Ideas in Psychology*, 23(3), 185-196.

Michaels, C. F. (2003). Affordances: Four points of debate. *Ecological psychology*, 15(2), 135-148.

Minsky, M. (1975). A framework for representing knowledge. En P. H. Winston (Ed.), *The psychology of computer vision*. New York: McGraw-Hill Book.

Mondada, L. (2009). Video recording practices and the reflexive constitution of the interactional order: some systematic uses of the split-screen technique. *Human Studies*, 32(1), 67-99.

Mountjoy, M. (1999). The basics of synchronized swimming and its injuries. *Clinics in sports medicine*, 18(2), 321-336.

Maglio, P. P., Matlock, T., Raphaely, D., Chernicky, B., y Kirsh D. (1999). Interactive skill in Scrabble. In *Proceedings of Twenty-First Annual Conference of the Cognitive Science Society*. Mahwah, NJ: Lawrence Erlbaum.

Noë, Alva (2004). *Action in Perception*. Cambridge, MA: MIT Press.

Noë, A. (2015). *Strange Tools: Art and Human Nature*. New York: Hill and Wang.

Norman, D. (1999). Affordance, conventions and design. *Interactions*, 6(3), 38-43.

Pea, R. D. (2004). The social and technological dimensions of scaffolding and related theoretical concepts for learning, education, and human activity. *The journal of the learning sciences*, 13(3), 423-451.

Sacks, H., Schegloff, E. y Jefferson, G. (1978). A Simplest Systematic for the Organization of Turn-Taking of Conversation. En Jay Schenkein (Ed.), *Studies in the Organization of Conversational Interaction*. New York: Academic Press.

Smith, O. F. (2007). Object Artifact, Image Artifacts and Conceptual Artifacts: Beyond the object into the Event. *Artifact*, 1(1), 4-6.

Stoffregen, T. A., Bardy, B. G. y Mantel, B. (2006). Affordances in the design of enactive systems. *Virtual Reality*, 10(1), 4-10.

Sydnor, S. (1998). A history of synchronized swimming. *Body Politics*, 21, 252-267.

La relevancia de los recursos cognitivos en un entrenamiento de natación sincronizada:
El caso de andamiajes y *affordances*

73

Vygotsky, Lev. (1978). Interaction between learning and development. En L. Vygotsky (Ed.), *Mind in society* (pp. 79-91). Cambridge: Harvard University Press.

Wacquant, Loic. (2004). *Body and Soul: Notes of an Apprentice Boxer.* New York: Oxford University Press.

Wilson, V. E. (1977). Objectivity and effect of order of appearance in judging of synchronized swimming meets. *Perceptual and Motor Skills*, 44(1), 295-298.

Williams, Robert F. (2004). Making Meaning from a Clock: Material Artifacts and Conceptual Blending in Time-Telling Instruction. Ph.D. diss., University of California.

ArtefaCToS. Revista de estudios de la ciencia y la tecnología
eISSN: 1989-3612
Vol. 7, No. 1 (2018), 2ª Época, 75-97
DOI: http://dx.doi.org/10.14201/art2018717597

Internet en su vertiente científica: Predicción y prescripción ante la complejidad[*]

Internet in Its Scientific Branch: Prediction and Prescription in the Face of Complexity

Wenceslao J. GONZÁLEZ

Universidad de A Coruña, España
wenceslaojgonzalez@gmail.com

Recibido: 10/01/2018. Revisado: 20/01/2018. Aceptado: 24/01/2018

Resumen

De las tres principales vertientes de Internet —la científica, la tecnológica y la social—, se ha prestado escasa atención a la científica. El artículo realiza un análisis filosófico-metodológico de esa vertiente de la Red de redes. Lo hace desde el ángulo de las Ciencias de lo Artificial, que habitualmente no es considerado en la Filosofía de la Ciencia. Tiene en cuenta, además, la relevancia de las Ciencias de Internet — y de las disciplinas científicas que usan la Red para ampliar su campo de acción o crear novedades en sentido estricto— como Ciencias Aplicadas. Por eso, se atiende expresamente a la predicción y la prescripción, que son claves para afrontar la complejidad estructural de Internet —epistemológica y ontológica— y la complejidad dinámica, que está surcada por la historicidad, en lugar de ser una mera evolución.

Palabras clave: Internet; Ciencias de lo Artificial; futuro; pautas; complejidad; estructural; dinámica.

[*] Esta contribución se enmarca dentro de las líneas de investigación del Proyecto FFI2016-79728-P del Ministerio de Economía, Industria y Competitividad (AEI).

Abstract

Among the three main branches of the Internet —scientific, technological, and social— the scientific area has received little attention. This paper makes a philosophico-methodological analysis of this branch of the network of networks. The approach is made from the angle of the sciences of the artificial, which is not usually considered in philosophy of science. Furthermore, it takes into account the relevance of the sciences of the Internet —and the disciplines that that use this network to enlarge their field of action or to create novelties in a strict sense— as applied sciences. Thus, the paper pays an explicit attention to prediction and prescription, which are keys in dealing with the structural complexity of the Internet —epistemological and ontological— and the dynamic complexity, which is furrowed by historicity, rather than being a mere evolution.

Keywords: *Internet; Sciences of the Artificial; Future; Patterns; Complexity; Dynamic.*

1. Marco temático

Entre las realidades contemporáneas que, hasta la fecha, han recibido escasa atención filosófico-metodológica figura Internet, cuya importancia como Red de redes es innegable. Sucede, además, que supone un reto la consideración filosófica de Internet, pues entran en liza tres grandes aspectos: la Red como actividad científica, quehacer tecnológico y realidad social. Ante este triple reto, se consideran aquí esos tres focos de atención y los tipos de análisis correspondientes. A este respecto, se da prioridad al análisis de la vertiente científica, en primer lugar, por su relevancia filosófico-metodológica; y, en segundo término, por estar muy poco tratada en las revistas especializadas, en comparación con las otras dos vertientes.

Temáticamente, el análisis filosófico-metodológico centra la atención en las Ciencias de lo Artificial[1], puesto que son clave para entender las Ciencias de Internet. Ambos grupos de disciplinas trabajan habitualmente como Ciencias Aplicadas. De ahí que el enfoque seguido en el artículo atienda a la predicción y la prescripción, en cuanto que son dos aspectos centrales de las Ciencias Aplicadas. Además, inciden de lleno en el estudio de la complejidad estructural y la comple-

---

[1] Las Ciencias de lo Artificial se entienden aquí en el sentido de Herbert Simon, que abrió un nuevo e importante campo de investigación filosófico-metodológico, como se aprecia en Simon (1996).

No obstante, su concepción acerca de lo artificial —en el marco de las Ciencias de Diseño— tiene diversas limitaciones epistemológicas, metodológicas y ontológicas. Atañen a aspectos como la racionalidad evaluativa, el papel de la historicidad y la complejidad dinámica. A este respecto, una alternativa a su modo de caracterizar la Inteligencia Artificial se ofrece en cfr. González (2017a).

jidad dinámica de la Red, pues hay que anticipar el futuro posible y prescribir las pautas de actuación para resolver los problemas concretos. Porque hay problemas de Internet, como el diseño de la nomenclatura y la arquitectura interna de la Red[2], que son de fondo. Lo son ya actualmente y lo serán para el futuro.

2. Tres focos de atención acerca de Internet

Hay al menos tres focos relevantes para afrontar el estudio de Internet, en general, y el problema de la complejidad de la Red, en particular. En primer lugar, está el ámbito científico, que lo componen el conjunto de Ciencias que sirven de base para el desarrollo de la Red de redes como plataforma tecnológica. Esto supone mirar hacia disciplinas como la Ciencia de las Redes, la Ciencia de la Web, la Ciencia de Internet en sentido estricto, y la Ciencia de Datos (Tiropanis, Hall, Crowcroft, Contractor, y Tassiulas, 2015). En segundo término, está la esfera tecnológica, donde ha habido un crecimiento llamativo de la infraestructura de la Red de redes, que permite la realización de múltiples funciones. Su complejidad y actual estado de manejabilidad para su uso operativo plantea problemas para su ampliación futura (Yuan y Gong, 2011). En tercera instancia, está el entorno que rodea ambas facetas —la científica y la tecnológica—, que se agrupa en torno a la componente social, entendida en sentido amplio (cultural, educativa, económica, política, etc.).

Desde el punto de vista filosófico, cabe analizar los tres focos relacionados con la Red y las formas de complejidad asociadas con ellos: en el ámbito científico, en la esfera tecnológica y en la componente social de Internet. Caben así un conjunto de análisis filosóficos, diversificados en tres planos epistemológicos y metodológicos distintos —el científico, el tecnológico y el social—, pero que son complementarios en el caso de Internet. Su estudio requiere tener en cuenta los niveles ontológicos (micro, meso y macro) y los marcos temporales (plazo inmediato, corto, medio, largo y muy largo)[3].

---

[2] "The Internet's naming and addressing architecture has widely accepted limitations. Its dated and host-centric Domain Name System (DNS) fails to keep up with the current and emerging usage models, and the overloading of the IP addresses hinders both mobility and security. As we started sifting through the large body of architectural schemes and proposals, two concerns quickly became evident. First, the independent nature of the many contributions to the field has led to the overloading of architectural terms, and to the emergence of a large body of network architecture proposals with no clear understanding of their cross similarities, and their unique properties. Second, there seems to be a growing consensus in the community on the need for designing a 'smarter' network. While such evolution is bringing new potentials and service models, the community generally lacks consistent frameworks for thinking about such models and the design implications", Khoury y Abdallah (2013, p. vii).

[3] Sobre los marcos temporales y su relación con la predicción científica, véase González (2015a, pp. 66, 192, 219 y 251).

1) La Filosofía acerca de las Ciencias de Internet, elaborada desde una perspectiva "interna", puede analizar varios aspectos: (i) los elementos constitutivos en cuanto "Ciencias" (lenguaje, estructura, conocimiento, métodos, actividad, fines y valores); (ii) su dimensión como Ciencias Aplicadas, encaminadas por tanto a la resolución de problemas concretos; y (iii) la vertiente como Ciencias de lo Artificial, en general, y Ciencias de Diseño, en particular, puesto que no son propiamente Ciencias Sociales. Las Ciencias de Internet se caracterizan por trabajar con diseños orientados a objetivos específicos, a los que siguen una serie de procesos, para llegar a unos resultados.

2) Mediante la Filosofía sobre Internet como plataforma tecnológica, cuando es planteada desde una perspectiva "interna", interesan los factores clave de la transformación creativa de lo real, para dar lugar a algo tangible: a) el conocimiento, con sus diversas facetas —científico, específico tecnológico y evaluativo—; b) el quehacer en virtud del cual se realiza esa transformación creativa, para originar una realidad nueva (como ha sucedido con las Tecnologías de la Información y la Comunicación, que en unos casos ha ido hacia la ampliación de lo ya existente y, en otros, se ha encaminado a la generación de algo distinto); y c) el producto o artefacto, elaborado a partir del conocimiento disponible y el desarrollo del quehacer en el tiempo, siendo asumibles o razonables los costes (González, 2013a).

3) Ciertamente, la Filosofía puede reflexionar sobre la dimensión social de Internet en cuanto actividad científica y como quehacer tecnológico, puesto que los resultados científicos y los productos tecnológicos tienen consecuencias sociales. Por una parte, este tipo de análisis lo hace la Filosofía de la Ciencia en su perspectiva "externa"; y, por otra, lo lleva a cabo la Filosofía de la Tecnología en su perspectiva "externa". Buscan, respectivamente, los nexos de la actividad científica y del quehacer científico con el resto de la experiencia humana. Habitualmente estos estudios están englobados dentro de la denominación de Ciencia, Tecnología y Sociedad (González, 2005).

Hasta la fecha, Internet ha sido objeto de estudio desde diversos ángulos, pero han dominado los focos de atención segundo —el tecnológico— y tercero —el social—, con frecuencia entrelazados. Así, en los llamados "Estudios de Internet" (*Internet Studies*) los temas centrales son las cuestiones tecnológicas asociadas a la Red, que incluye su diseño y su desarrollo; la utilización de esa Tecnología por los creadores de contenidos y los usuarios de la Red; y los aspectos legales y políticos que inciden en el diseño de Internet o en el uso de la Red, lo que atañe a las instituciones relacionadas con Internet y la gobernanza de la Red de redes (Dutton, 2013).

Cabe, sin embargo, plantear el análisis de Internet desde un punto de vista filosófico y poner el énfasis en la perspectiva interna. Esto supone, en primer lugar, considerar diversos aspectos epistemológicos y metodológicos de la Red, además de diferentes niveles ontológicos (como micro, meso o macro), con sus consiguientes marcos temporales —como corto, medio o largo plazo—, que tienen especial importancia para las Ciencias Aplicadas y para la aplicación de la Ciencia[4]. En segundo término, comporta hacer el análisis a partir de las Ciencias de lo Artificial. Por un lado, conllevan ángulos filosófico-metodológicos distintos a los que ofrecen las Ciencias Sociales[5]; y, por otro, son claves para poder afrontar la complejidad, tanto estructural como dinámica, en un diseño artificial como es Internet[6].

3. Análisis filosófico-metodológico de Internet: Actividad científica, quehacer tecnológico y dimensión social

Abordar filosóficamente la Red de redes requiere pensar en el *ser* y en el *deber ser* de Internet. A este respecto, parece claro que el desarrollo de la Red de redes genera problemas tanto de complejidad estructural como de complejidad dinámica. Esta doble complejidad incide sobre todo como Ciencia Aplicada, esto es, para poder anticipar adecuadamente el futuro posible y las pautas de actuación adecuadas para resolver los problemas concretos planteados (a corto, medio o largo plazo). A este respecto, el análisis se puede centrar en los aspectos epistemológicos y metodológicos, además de los ontológicos, sabiendo que todos ellos están en un dominio de lo artificial con proyección social.

Al reflexionar filosóficamente acerca del *ser* de Internet, hay que partir de una configuración estructural de Internet, donde interviene la creatividad científica y la innovación tecnológica[7]. Es una configuración que no es estática o sincrónica, ni es una mera síntesis de elementos científicos y tecnológicos, pues tiene una dinámica sometida a cambios en términos de historicidad[8], con una relación bidireccional —a su vez— con el entorno social. Porque la configuración "interna" de la Red de redes no está ciertamente aislada, puesto que está entrelazada con un poderoso entramado de factores "externos", como son los usuarios (individuos o grupos, organizaciones, etc.), los condicionantes económicos de las empresas, las disposiciones normativas (nacionales o internacionales), etc.

---

[4] Sobre la distinción entre Ciencia Aplicada y aplicación de la Ciencia, cfr. Niiniluoto (1993, 1-21; en especial, pp. 9-10 y 19); y González (2013a, 11-40; en especial, pp. 12, 17-18, 25 y 27-28).

[5] Para análisis desde las Ciencias Sociales, relacionados con el futuro de Internet, véase Winter y Ono (2015a).

[6] Incluyen en las Ciencias de Internet aspectos relacionados con la racionalidad y la predicción, como sucede, por ejemplo, en Ciencias de lo Artificial como la Economía. Sobre este caso, véase González (2008b).

[7] En esa relación entre creatividad científica y la innovación tecnológica, que es de interacción dinámica, tiene un papel relevante la Inteligencia Artificial, cfr. González (2017a, 401-403).

[8] Sobre la distinción entre "procesos", "evolución" e "historicidad", cfr. González (2013b, 299-311; en especial, pp. 304-307). Acerca de la caracterización de la historicidad, González (2011)

Así pues, el primer foco de atención —el científico— está en interacción dinámica con el segundo —el tecnológico— y el tercero —el social—, de modo que la configuración "interna" de Internet como actividad científica artificial (principalmente epistemológica y ontológica) sustenta innovaciones tecnológicas de la Red. A su vez, ambas influyen en repercusión social de Internet, que es enorme[9], que incide en su dinámica a través del tiempo, modulando sus cambios. Porque ciertamente influye en su situación actual y el provenir, toda vez que la dinámica de la Red de redes supone un entrelazamiento entre su configuración —la plataforma tecnológica con apoyo científico— y los variables factores de entorno (sociales, culturales, económicos, políticos, etc.) [10].

Ahora bien, es una relación bidireccional, porque no solo incide en la dirección que va de lo interno a lo externo —de la creatividad científica a la repercusión social, pasando por la innovación tecnológica—, sino que también va en la otra dirección. Porque los usarios de la Red, las empresas —privadas o públicas— que tienen relación con Internet, los Estados que establecen regulaciones, los agentes transnacionales que tienen un papel en la gobernanza de la Red de redes, etc., están en una interacción dinámica con la plataforma tecnológica y, por ende, con el soporte científico que la hace crecer[11]. Esta triple relación —actividad científica, quehacer tecnológico y dimensión social— es clave para el análisis de la complejidad estructural de Internet y para el estudio de la complejidad dinámica de la Red de redes.

Dentro de ese marco tripartito y bidireccional, si el énfasis del análisis filosófico-metodológico se sitúa en la configuración misma de Internet, entonces cabe tomar dos direcciones principales: (i) analizar las Ciencias que sirven de base para el desarrollo de la plataforma tecnológica de Internet (como la Ciencia de las Redes[12], la Ciencia de la Web, la Ciencia de Internet en sentido estricto, y la Ciencia de Datos [Tiropanis, Hall, Crowcroft, Contractor, y Tassiulas, 2015]), o (ii) estudiar la Red de redes como Tecnología, que está sometida a constante innovación (principalmente como Tecnología de la Información y la Comunicación). La primera dirección incide de modo más directo en elementos epistemológicos y

---

[9] La relevancia social que tiene Internet es clara: "The Internet is inextricably intertwined with almost every sector of society, increasing its complexity and bringing forth numerous opportunities and challenges. It has been only 50 years from its earliest conception in the early 1960s, to its present state as a vast, interconnected network of networks spanning much of the globe and linking approximately 2.7 billion people, representing 39% of the world's population, by the end of 2013", Winter y Ono (2015b, 1).

[10] Uno de los aspectos involucrados es la dinámica empresarial, que —desde un punto de vista general— se aborda en Ata y Perks (2014).

[11] El conocimiento tecnológico requiere de modo habitual el conocimiento científico, además de otros tipos de conocimiento, como son el específico tecnológico y el evaluativo, que atañe a los fines seleccionados y a los medios a elegir. Cfr. González (2013a, 19-20 y 22).

[12] La Ciencia de las Redes afronta problemas relacionados con la complejidad estructural relacionada con la información y la comunicación vía Internet. Véase, por ejemplo, Halldórsson (2014).

metodológicos, mientras que la segunda tiene una mayor permeabilidad para el protagonismo de los usuarios de Internet (ciudadanos, organizaciones, Estados, etc.) y las empresas que elaboran contenidos para la Red (*Google*, *Facebook*, *Yahoo*, etc.).

Esas direcciones científica y tecnológica para enfocar la Red son complementarias en la práctica, toda vez que hay una clara interacción dinámica entre ellas[13], puesto que la racionalidad científica y la racionalidad tecnológica se complementan. Lo hacen, además, con la mediación de la racionalidad económica[14], que tiene también un papel importante en Internet (en los agentes que la usan, en las empresas que la promueven, en los gobiernos —como la Unión Europea— que la regulan, etc.)[15]. Así, los avances científicos impulsan innovaciones tecnológicas en Internet y, paralelamente, la plataforma tecnológica de Internet requiere el apoyo de diversas Ciencias para desarrollar la Red de redes.

Sucede que, hasta la fecha, la reflexión sobre Internet realizada a tenor de la innovación tecnológica —el segundo foco de atención—, suele ser considerada habitualmente —salvo los tecnólogos vinculados a las Tecnologías de la Información y la Comunicación o a estudios afines— a partir de su consiguiente faceta ciudadana y empresarial, que es el tercer foco de atención. Así, el impacto social de la Red ha recibido mucha más atención que el enfoque de la vertiente científica. Por eso, aquí el análisis filosófico-metodológico se centrará más en la ruta que atiende al futuro de Internet a partir de las Ciencias Aplicadas, vistas en el contexto de la complejidad.

4. Vertiente científica desde las Ciencias de lo Artificial

Para abordar filosóficamente la vertiente científica de la Red de redes, hay que prestar especial atención a las Ciencias de lo Artificial. (i) En ellas se ubica el amplio campo temático abierto por Internet, en cuanto terreno de las Ciencias de Diseño, de modo que, entre otros, incluye los desarrollos de la Inteligencia Artificial que sirven de punto de apoyo para nuevos objetivos, procesos y resultados en la Red (González, 2007b). (ii) Hay un conjunto de disciplinas científicas (como la Economía, la Documentación o la Comunicación) que tienen, de hecho, una relación estrecha con Internet en su vertiente científica. Porque los continuos avances que tienen estas disciplinas son, sobre todo, en su dimensión artificial

---

[13] Guarda relación esta interacción científico-tecnológica con el papel de los valores, donde Ciencia y Tecnología son como "dos piernas de un cuerpo cuando camina", por utilizar la metáfora de Nicholas Rescher (1999).

[14] La mediación entre la racionalidad científica y la racionalidad tecnológica es a través de la racionalidad económica. Cfr. González (1998a).

[15] En el caso de la Tecnología, como se pone de relieve en Internet, tienen un peso especial los valores económicos. Sobre este tema, cfr. González (1999).

(esto es, de ampliación de las posibilidades humanas)[16]. Estos avances en décadas recientes han sido, en gran medida, gracias al apoyo de Internet (como los incesantes desarrollos de Economía Financiera, las novedades en la recuperación de la información en la Red o las nuevas formas de comunicación audiovisual de acceso inmediato y gratuito).

En primer lugar, en su vertiente científica, Internet se basa en diseños —con frecuencia, de Inteligencia Artificial—, que permiten nuevos objetivos, procesos y resultados. Con ellos se llega habitualmente a novedades, que —según sea el grado de novedad logrado— han sido catalogadas como "evolucionarias" o como "revolucionarias". Pero que, en rigor, son la expresión de la *historicidad* de lo artificial, en su búsqueda constante de ampliar las posibilidades humanas y de dar soluciones a problemas concretos planteados. En segundo término, Internet es el soporte para el desarrollo de disciplinas científicas basadas en diseños que, como los casos de la Economía, la Documentación o la Comunicación, potencian las posibilidades humanas y son claves en la Sociedad del Conocimiento, dentro de esta etapa histórica que Luciano Floridi (2016) llama "Hiperhistoria" (*Hyperhistory*).

Considerado en términos filosófico-metodológicos, el avance en las Ciencias de lo Artificial —conceptual, práctico, social e institucional— es distinto del progreso de las Ciencias Sociales. Porque son diferentes sus objetos de estudio y sus problemas y, por ende, sus métodos, que dan lugar a resultados propios, con consecuencias de índole distinta (unas guardan relación directa con aspectos opcionales humanos, mientras que las otras están más relacionadas con necesidades humanas). Así, aun cuando las Ciencias de lo Artificial puedan analizar, buscan sobre todo *sintetizar*, para potenciar las posibilidades humanas en el campo de lo artificial[17]. Pero las Ciencias de lo Artificial no forman un bloque homogéneo, en la medida en que hay dos tipos diferentes de investigación científica en este campo.

Existe una primera concepción de Ciencias de lo Artificial, que es la opción más relevante para Internet: las Ciencias de Diseño. Hay, además, una segunda acepción, que es el estudio científico-natural o científico-social de los productos o artefactos. Este es el caso de las Ciencias de los Materiales, que están inicialmente orientadas a investigar las propiedades físicas o químicas de los productos o artefactos. Pero que también pueden indagar las consecuencias sociales del uso de esos productos o artefactos, esto es, los efectos para la vida social debidos a la obsolescencia o el deterioro de los materiales, que pueden generar polución o insalubridad.

---

[16] Un rasgo característico de las Ciencias de lo Artificial, en cuanto Ciencias de Diseño, es la potenciación de las posibilidades humanas, al ser hechura humana (*human made*) orientada hacia nuevos objetivos. Cfr. Simon (1996, 3-4).

[17] Que las Ciencias de lo Artificial son, ante todo, Ciencias sintetizadoras más que analizadoras está realzado en Simon (1996, 4-5).

Intervienen de lleno la predicción y la prescripción en la concepción de las Ciencias de Diseño, que es la considerada primordialmente por Herbert Simon. La razón es clara: las Ciencias de Diseño se configuran habitualmente como Ciencias Aplicadas y enlazan con la aplicación de la Ciencia en contextos variables (entornos sociales, culturales, económicos, etc.). Este es el caso, por un lado, de las "Ciencias de Internet" (como la Ciencia de las Redes, la Ciencia de la Web, la Ciencia de Internet en sentido estricto, y la Ciencia de Datos); y, por otro, de las Ciencias como la Economía, la Documentación o la Comunicación, que utilizan Internet para su desarrollo, con novedades importantes respecto de etapas anteriores[18].

Estos dos grupos de Ciencias tienen que afrontar problemas concretos, en cuanto que son Ciencias Aplicadas (Niiniluoto, 1993), para lo cual elaboran diseños encaminados hacia ciertos objetivos. Estos objetivos sirven de base para unos procesos, con el deliberado afán de lograr unos resultados. Esto es lo que sucede con las Ciencias configuradoras de Internet —el primer grupo— y con las Ciencias que usan la Red de redes (el segundo grupo). Así, para la configuración interna de Internet, pesan sobre todo las Ciencias de Diseño, mientras que las Ciencias Sociales tienen su cometido para aspectos "externos" de la Red, que son los relacionados con su impacto social, cultural y de poder. Pero esos factores inicialmente externos pueden ser "interiorizados" en la Red, de modo que pueden dar lugar a nuevos objetivos (el crecimiento de las Ciencias de la Web se puede explicar desde esta perspectiva).

Los resultados obtenidos sirven para resolver, reformular o descartar el problema inicial planteado. Esto sucede en Economía como Ciencia de lo Artificial (p. ej., en desarrollos de Economía Financiera y Contabilidad, en especial en la vertiente electrónica), en Documentación (p. ej., en la recuperación de la información sobre libros, archivos electrónicos, documentos en papel, etc.) y en Comunicación, tanto en formato texto como audiovisual. El cambio, sobre todo en Comunicación, ha sido revolucionario, propiciado por los desarrollos en Internet, que han potenciado el carácter artificial de la comunicación y el intercambio de información (Graham, 1999). Se aprecia en los servidores de correo electrónico, *YouTube, Facebook, Snapchat, Twitter*, etc.

---

[18] Hay una Economía basada en Internet (*Internet Economy*), para realizar transacciones en un tiempo muy breve o a entidades localizadas a gran distancia. Algunos autores, como Jaron Lanier, especialmente conocido por su trabajo acerca de la realidad virtual, considera que son los seres humanos y no los algoritmos lo que debe estar en el centro de la Economía de Internet (Lanier, 2017).

5. El reto de la predicción y la prescripción

Característica central de las Ciencias de lo Artificial, en cuanto Ciencias Aplicadas, es que combinan la predicción y la prescripción. Porque, para la solución de problemas concretos —como son, de modo habitual, los relacionados con Internet o los correspondientes a las disciplinas que utilizan la Red para su desarrollo—, hace falta primero predecir. En efecto, sobre la base del conocimiento actual, hay que anticipar el futuro posible, para después poder abordarlo. La predicción hace falta para el diseño científico, que se orienta hacia unos objetivos, antes de desarrollar unos procesos, en la búsqueda de unos resultados[19]. En el caso de la vertiente científica de Internet admite tres grandes posibilidades:

a) Cuando se trata de Internet como Red de redes, cabe estimar la viabilidad, dentro de un marco temporal definido, de la ampliación o potenciación de las posibilidades humanas. b) Al tratar de disciplinas que usan Internet para ampliar su campo o para propiciar nuevos territorios temáticos, se puede enunciar lo esperable en ellas. Esto es lo que sucede en los terrenos económicos, documentales o comunicativos. c) A partir de la emergencia de propiedades en la propia Red, es posible asimismo anticipar el futuro posible, como acontece con los nuevos fenómenos generados por Internet en cuanto tal (que estudia, por ejemplo, la Ciencia de Datos)[20].

Después, tras realizar la predicción —a plazo inmediato, corto, medio, largo o muy largo plazo— viene la prescripción (González, 1998b). Porque hace falta establecer unas pautas (*patterns*) encaminadas a la resolución de problemas concretos, dentro de un número finito de pasos. Porque la Ciencia Aplicada mira su acierto en la resolución de problemas prácticos (González, 2015a). Pueden ser cuestiones de la Red, problemas relacionados con las disciplinas científicas que la usan (económicos, documentales o comunicativos) o asuntos originados por las propiedades emergentes de la propia dinámica de Internet. A este respecto, cada Ciencia relacionada con la Red necesita anticipar y, luego, guiar la acción para la solución de problemas concretos.

Puede tener grados muy diversos de fiabilidad la anticipación del futuro, como sucede con los conceptos de "previsión", "predicción" y "pronóstico", que expresan unos grados de control muy diferentes acerca de las variables relacionadas con el futuro[21]. Por tanto, indican niveles de fiabilidad muy diferentes

---

[19] Dentro de las Ciencias de lo Artificial, la predicción presenta, en principio, tres facetas filosófico-metodológicas sucesivas. (i) Puede ser un *objetivo* destacado de las teorías vinculadas a diseños, que necesitan las predicciones antes de hacer prescripciones. (ii) Comporta *procesos* —procedimientos y métodos— para hacer avanzar el conocimiento científico. Ahí pueden intervenir factores teóricos, empíricos y heurísticos. (iii) Sirve como criterio de *evaluación* de los enunciados científicos propuestos. Su contenido —teórico, empírico y heurístico— ha de ser utilizado en los criterios prácticos de resolución de problemas concretos en liza. Cfr. González (2007a).

[20] Sobre la Ciencia de Datos, véase Cao (2017a) y Cao (2017b).

[21] Una exposición de estos conceptos y un análisis de su relación con ocho influyentes filósofos de

acerca del conocimiento del provenir a corto, medio o largo plazo. A su vez, la prescripción guarda relación con el planeamiento o la planificación, que es un concepto diferente de predicción. Porque planeamiento o planificación supone, de suyo, la dirección de la acción, en razón de cálculo y distribución de tiempos. La prescripción es más amplia que el planeamiento o la planificación, de modo que puede abarcar el planeamiento o la planificación, pero tiene un carácter más general.

Parte de este carácter más amplio se debe a la interdependencia entre predicción y prescripción, que puede incluir al menos tres facetas filosófico-metodológicas: la epistemológica, la metodológica y la axiológica[22]. Así, la prescripción es inicialmente un concepto de tipo epistemológico, en la medida en que es el contenido intelectual de las pautas prácticas para resolver problemas. Metodológicamente, la prescripción requiere considerar aplicación práctica de los procesos por los cuales cabe guiar de manera adecuada —con racionalidad práctica— los medios para lograr el fin buscado. Aquí la prescripción converge con el planeamiento o la planificación, si bien al planificar la toma de decisiones tiene un componente volitivo más claro que las pautas prescriptivas. Axiológicamente, la prescripción siempre se hace de acuerdo con algunos valores[23], aquellos aspectos dignos de mérito que han de guiar la acción como fondo de la actuación práctica.

Aparece entonces el foco de la dimensión social —la perspectiva externa— junto con el foco científico —la perspectiva interna—, que se hace visible al hilo de la interdependencia entre predicción y prescripción, especialmente cuando hay que afrontar problemas de complejidad, como es el caso de la Red (a la que se da forma —en un sentido u otro— mediante prescripciones). Porque la complejidad estructural de Internet y su complejidad dinámica no son en modo alguno ajenas a los factores sociales (culturales, políticos, económicos, etc.) que rodean el uso de la Red de redes.

Por un lado, la predicción se usa en las Ciencias Aplicadas —como las Ciencias de Internet— como una guía para pensar en las pautas de actuación (*policy-making*). Pero estas pautas tienen normalmente una dimensión social en la Red de redes, de modo que la actividad propia de Internet como tal está entrelazada con otras actividades que utilizan la Red como plataforma tecnológica de actuación. Por otro lado, la predicción es un instrumento para la puesta en práctica o implementación de las pautas de actuación (*policy-making*), dentro del ámbito directo de las Ciencias de Internet (la Ciencia de la Web, la Ciencia

---

la Ciencia se encuentra en González (2010)

[22] Este enfoque está desarrollado para la Economía en González (2015a, 317-341). Se puede utilizar para las Ciencias de la Comunicación, en cuanto que son Ciencias de lo Artificial que usan Internet. Esto se aprecia en los fenómenos de televisión digital, cfr. González (2008a). También permite el estudio de la televisión vía Internet conocida como *Over The Top*, en cuanto expresión de Ciencias Aplicadas de Diseño que se vehicula a través de la Red.

[23] Sobre esto ha insistido Amartya Sen (1986).

de las Redes, la Ciencia específica de Internet, …), pero también en los casos de las disciplinas científicas que usan la Red (como Economía, Documentación o Comunicación) y de los estudios que se ocupan de las propiedades emergentes de la Red (la Ciencia de Datos).

6. Cometido de la predicción: De la perspectiva interna de la Ciencia a la dimensión social

Resaltan la importancia de la predicción cada uno de los tres focos de atención mencionados: el científico, el tecnológico y el social. Coinciden en que la predicción es clave para resolver los problemas de complejidad de Internet[24]. (i) En el caso de la vertiente científica, la predicción anticipa el futuro posible sobre la base del conocimiento disponible, que es el paso previo a la prescripción, que ofrece las pautas de actuación para resolver problemas concretos. (ii) La predicción sirve de base para el conocimiento científico que utiliza la Tecnología de Internet para su desarrollo. Así, la faceta tecnológica de la Red se nutre de predicciones científicas, que acompaña al conocimiento específico tecnológico acerca de los instrumentos y artefactos, además del conocimiento evaluativo acerca de los fines buscados. (iii) La predicción en la vertiente social de Internet depende de los desarrollos "internos" de la Red —científicos y tecnológicos—, sobre cuya base cabe anticipar los usos posibles por los agentes —individuales y sociales—, las empresas, los Estados, etc. A su vez, la propia dinámica social permite predecir demandas futuras —informativas, comunicativas, económicas, etc.— por parte de los miembros de las entidades sociales.

A tenor de la línea científica, donde tiene protagonismo la Ciencia Aplicada y la aplicación de la Ciencia, la predicción es clave en cuanto que ofrece conocimiento futuro posible —según el grado de control de las variables disponibles—, de modo que sirve de guía para orientar la actuación de la prescripción, que ha de proporcionar las pautas de actuación para resolver problemas planteados. Estas cuestiones las atiende según el nivel de complejidad estructural y dinámica de la Red, que es creciente en las dos facetas.

Donde hay más nexo entre lo "interno" y lo "externo" es en la predicción relacionada con la plataforma tecnológica de la Red. Porque, debido a su mayor incidencia social que la Ciencia, la Tecnología de la Red de redes presenta un vínculo claro con el entorno. A este respecto, la predicción tecnológica ha de contribuir a hacer viable la ampliación de la Red y a dar solución a sus crecientes problemas de conectividad[25]. Esa predicción ha de tener en cuenta no sólo la viabilidad

---

[24] Un estudio metodológico de la predicción para abordar sistemas complejos, en general, se encuentra en Nicolis y Nicolis (2012, 149-213).

[25] "With the dynamicity of link creation, deletion, and transient failures, given the current scale of the Internet, it is clearly no longer feasible to capture the precise connectivity of the Internet", Yuan y Gong (2011, 425).

científica del diseño industrial, sino también la relación coste-beneficio de lo anticipado, lo que afecta a la creación de productos en Internet y a la interacción con el ámbito empresarial y de regulación pública de la Red (la gobernanza)[26].

Incide aquí la dinámica de Internet, que Ch. S. Yoo mira desde los usuarios y las empresas. Así, ha de atender, en primer lugar, a los cambios en los entornos tecnológicos y económicos, tales como los incrementos en el número y diversidad de los usuarios de Internet, los cambios en la naturaleza de la utilización de Internet, la diversificación de las Tecnologías de transmisión y los mecanismos de usos vinculados a fines, y el aumento en la complejidad de las relaciones de negocios. En segundo término, ha de considerar las variaciones en términos de pautas públicas (*policy*), como los cambios debidos a la mayor heterogeneidad en las preferencias de consumo, la disminución de la gobernanza informal, la incorporación de nuevas funciones en el núcleo de la Red, el aumento en la complejidad para poder establecer precios, la presencia creciente de intermediación (incluyendo la legal), la maduración de las empresas, etc. (Yoo, 2012).

Eje de esta trayectoria intelectual para el análisis del futuro de Internet es interno-externo: va de la perspectiva interna de la creatividad científica a la dimensión social, pasando por la innovación tecnológica. Pero cabe pensar la propuesta alternativa de Jenifer Winter y Ryota Ono acerca del futuro de la Red, que es externa-interna. Consiste en mirar la plataforma tecnológica desde sus manifestaciones sociales, como son la información compartida por los agentes sociales, la relevancia de la cultura y las relaciones de poder (toda vez que se asume que tener información comporta tener poder). Estos tres aspectos constituyen el núcleo de las tres posiciones que contemplan: a) la predictiva, b) la cultural, y c) la "crítica" (que insiste en las relaciones de poder)[27].

Winter y Ono entienden por "perspectiva predictiva" la visión de la plataforma tecnológica de Internet que considera clave el papel de la información para la Red de redes. Así, esta postura insiste en Internet como instrumento operativo para el *depósito de información*, en lugar de resaltar la repercusión sociocultural de la Red o las relaciones de poder que comporta, que conforman las otras dos opciones contempladas (Winter y Ono, 2015c, 217-224; en especial, pp. 218-223). Supone concebir la información como bien de uso, esto es, ofrecen una visión externa de la información.

---

[26] Un aspecto muy importante es la neutralidad de la Red de redes. La Comisión Federal de Comunicaciones de Estados Unidos (*Federal Communications Commission*) decidió el 14 de diciembre de 2017 cambiar este estatuto acerca de Internet. Esta modificación tiene consecuencias muy apreciables para el futuro de la Red. Sobre esta cuestión, véase Kang (2017).

[27] Cfr. Winter y Ono (2015c, 217-224; en especial, pp. 218-223). Estos autores sintetizan las aportaciones del volumen que coordinan. El hilo conductor de ellas es, precisamente, la perspectiva externa acerca del futuro de Internet.

Se centra la "perspectiva predictiva" en el futuro a corto plazo de Internet como "depósito de información" (*reservoir of information*), donde intervienen los ciudadanos, los Estados y las corporaciones. Los ciudadanos han pasado de utilizar Internet para buscar información (con frecuencia, sin coste, salvo la conexión a la Red) a ver su futuro cada vez más *dependiente de Internet*, lo que anticipa variaciones en las relaciones entre los usuarios y la Red[28].

Asimilan *de facto* predicción y expectativa, de modo que, en lo esperado para el futuro próximo, figura el aumento de monitorización de la información por parte de los Estados y el incremento de los usos comerciales de Internet. Pero cabe esperar asimismo la expansión de la Red a esa parte de la población mundial —más de la mitad, a comienzos del año 2016— que todavía no tiene acceso a Internet (sobre todo habitantes de países en vías de desarrollo)[29].

Acerca de la segunda posición —la "perspectiva cultural"— Winter y Ono señalan a Internet como una fuente de innovación social y política. Así, con cierto optimismo, ven posible el reemplazamiento de una "cultura de la recuperación mecánica de la información y monitorización en secreto" por una "nueva cultura de la comunicación recíproca hecha con conciencia" (Winter y Ono, 2015c, 220). Mientras tanto, a través de la tercera opción —la "perspectiva crítica"—, consideran posible que haya unas relaciones de poder más equilibradas, de manera que Internet, entendida como "campo de las acciones cooperativas", pueda hacer que los retos locales y globales sean resueltos dentro de una civilización orientada hacia un futuro mejor desde el punto de vista social (Winter y Ono, 2015c, 222-223).

Con estos tres escenarios del futuro, vistos desde una mirada externa a la Red —el foco tres del presente artículo y a corto o medio plazo—, solo se cubre una parte del territorio futuro de Internet. Con el papel de la información, la relevancia de la cultura y las relaciones de poder se atiende a algunos aspectos del impacto de la Tecnología de Internet para los usuarios que tienen acceso a ella. En el fondo, Winter y Ono parecen plantearse Internet básicamente como Tecnología —sin atención real a las Ciencias de Internet— y su preocupación primordial da la impresión de situarse en la incidencia futura en términos de pautas públicas (*policy*) dentro del marco social.

---

[28] Su análisis atiende preferentemente a las vertientes tecnológica y social: "Concepts discussed in future scenarios, such as 'safety Net,' 'increased Internet dependence,' 'a digital meaning society,' 'infectious connectivity,' 'split Internet,' 'autonomously governed communities, 'noosphere,' 'IoT,' and 'IoE,' indicate variations of these relationships between citizens and the Internet", Winter y Ono (2015c, 220).

[29] Según el fundador de *Facebook*, cerca de 4.000 millones de habitantes de nuestro planeta todavía no tienen acceso a Internet. Mark Zuckerberg, en el *Mobile World Congress*, Barcelona, 22.2.2016, en: http://www.informationweek.com/mobile/zuckerberg-hits-mwc-to-talk-drones-ai-vr/d/d-id/1324403, acceso el 8.8.2016.

Pero, por un lado, hay toda una vertiente científica que es clave para el desarrollo futuro de Internet, que incide en el corto, medio y largo plazo de Internet; y, por otro lado, los actores del futuro de la Red de redes no se limitan a los ciudadanos, las empresas y los Estados, puesto que cada vez más hay actores transnacionales, como los sistemas multiagentes sobre los que ha insistido Luciano Floridi (2016)[30], cuyo protagonismo es creciente.

Esto hace que Internet aumente su complejidad estructural y que incremente su complejidad dinámica. Hace tiempo, en efecto, que Internet es más que un instrumento de información y comunicación, puesto que (i) genera nuevas formas de Ciencias de lo Artificial, (ii) contribuye al avance del conocimiento con novedosas expresiones de Tecnología —donde la Inteligencia Artificial tiene un protagonismo creciente—[31], y (iii) propicia la creación de sociedades artificiales que generan un nuevo entorno social —el virtual— con incidencia en la vida social de los países.

7. Tarea de la prescripción ante la complejidad

Junto al cometido de la predicción, que puede ser concebida como objetivo, test y guía de la Ciencia (González, 2015, 3-46), está la tarea de la prescripción. Las Ciencias de Internet necesitan la prescripción en tanto que Ciencias Aplicadas, en general, y como Ciencias de Diseño, en particular. Hace años, Simon vio claro que el modelado de sistemas, cuando busca la solución de problemas concretos, requiere la prescripción (Simon, 1990), de modo que no se puede limitar a la predicción un modelo científico aplicado[32] (aun cuando el éxito predictivo sea relevante como guía para afrontar problemas). Acertar con la prescripción adecuada —las pautas solucionadoras de problemas— se vuelve más difícil cuando se trata de sistemas complejos, principalmente al lidiar con la complejidad dinámica, como es el caso de la Red de redes.

Analizada desde un punto de vista filosófico-metodológico, en la Ciencia la prescripción comporta una faceta interna y una dimensión externa. El componente "interno" se aprecia especialmente en el plano metodológico, puesto que es un proceso *imperativo-hipotético* (González, 1998b, 333), a diferencia de la predicción, que es habitualmente hipotético-deductivo (aun cuando puede ser hipotético inductivo o, en su caso, abductivo). Porque, para prescribir, hace falta indicar qué meta se desea lograr; y este objetivo requiere que se adopten los medios adecuados para alcanzar ese fin, de lo contrario la actuación no se podría considerar racional.

---

[30] El marco general de su postura se encuentra en Floridi (2014).

[31] Un ejemplo ilustrativo es *Google Translate*. Cfr. Lewis-Kraus (2016).

[32] Simon va más lejos, puesto que —a su juicio— la meta ha de ser dar forma al futuro y ese objetivo ha de prevalecer sobre meramente predecir el provenir. Cfr Simon (2002)

Metodológicamente, los imperativos hipotéticos buscan guiar a las Ciencias de Internet y, por tanto, orientar las decisiones que se han de tomar —las elecciones entre las diversas opciones posibles— en las diversas instancias de la Red de redes. Las decisiones han de atender a los aspectos epistemológicos y ontológicos de la complejidad estructural de la Red de redes y también han de considerar la historicidad de la complejidad dinámica de Internet, sea por razones internas o por motivos externos (como, por ejemplo, los cambios en la regulación por parte de la Unión Europea, Estados Unidos o China).

Aparece entonces el papel de los valores, puesto que la toma de decisiones de las Ciencias de Internet, para prescribir las pautas de actuación a seguir, requiere una estimación de lo conveniente y lo desaconsejable hecha sobre la base de valores, que pueden ser internos —cognitivos, metodológicos, etc.— o externos (sociales, culturales, etc.). Esos valores para prescribir el curso de acción adecuado no se pueden limitar a la Ciencia Aplicada, puesto que han de contemplar también la aplicación de la Ciencia en los diversos contextos de uso[33].

Primero están los valores internos de la prescripción, que dependen en cierto modo del conocimiento proporcionado por las predicciones. Porque la dirección de la acción —las pautas de actuación científica— hacia una novedad en la Red requiere conocer un objetivo que es alcanzable en un número finito de pasos. Pueden intervenir entonces diversos valores, como la accesibilidad de la meta, la consistencia de los medios, la adecuación respecto de los agentes, la relación entre el coste —no solo financiero, sino también de energías— y el beneficio, etc.

Están también los valores externos que, en el caso de la Red de redes, son particularmente importantes. Destacan, en especial, las valoraciones sociales y éticas, como la repercusión para los agentes individuales (como privacidad, respeto a la persona, etc.), los grupos sociales (en términos de trabajo, ausencia de discriminación social, capacidad de integración en el mundo laboral, etc.), las manifestaciones culturales —de mayorías y minorías, arraigadas o nuevas, etc.— que promuevan el desarrollo personal y social, la neutralidad de la Red ante injerencias políticas, etc. Cabe resaltar los valores relacionados con la responsabilidad social de las empresas, para tomar decisiones que, desde un punto de vista ético, sean sostenibles para la vida social y el uso responsable del mundo virtual de la infosfera (Floridi, 2013; Floridi, 2014, 217-220).

Dos son entonces los planos de la prescripción relacionados con las Ciencias de Internet en cuanto disciplinas que amplían las posibilidades humanas. En primer lugar, están los valores relacionados con la faceta endógena de "Internet como actividad científica", esto es, de *la actividad científica de desarrollo de la Red de redes*. Entre ellos están la eficacia y la eficiencia, la búsqueda de la certeza en las pautas de actuación —y, por tanto, la disminución de la incertidumbre—, la adecuada correlación entre medios y fines —con la consiguiente mengua en el

---

[33] Hay en esto una semejanza con la Economía, cfr. González (2015a, 317-341).

nivel de riesgo—, la competitividad ante alternativas viables, la relación asumible entre el coste —humano, social y económico— y el beneficio, la simplicidad en los procesos —o, al menos, una manejabilidad operativa asumible—, la primacía del todo sobre las partes —aunque se siga una pauta de pasos fragmentarios—, etc.

Y, en segundo término, están los valores de la faceta exógena de "Internet como actividad científica entre otras", esto es, de la *actividad científica de Internet como una actividad humana entrelazada con otras*. Aparecen entonces un amplio rango de posibilidades, a tenor de la componente entrelazada con la actividad de Internet, bien sea humana, cultural, educativa, económica, política, o de otra índole (esto es, la componente social entendida en sentido amplio). Se trata, además, de una interacción dinámica, que se despliega en el tiempo de manera creciente.

Valores de la prescripción en esta faceta exógena son los siguientes: (i) en cuanto a los agentes —individuales o sociales— en su dimensión psicosocial (confianza, fiabilidad, viabilidad, etc.); (ii) como fenómeno sociocultural de individuos, grupos, empresas, etc. (satisfacer las necesidades —de información, de comunicación, etc.—, lograr cubrir las expectativas, sintonizar con las pautas sociales, propiciar el bienestar social, etc.); (iii) en la valoración ética de carácter social (dignidad de la persona en su imagen pública, honradez en la gestión de los recursos, integridad en la gobernanza de la Red ante las presiones de entidades públicas o privadas, etc.); (iv) en cuanto al alcance político (reducir las desigualdades, incrementar la libertad en el dominio público, etc.); (v) respecto de su repercusión para el medio ambiente (protección del entorno natural, evitar daños ecológicos, etc.); ...

Sobre todo en esta faceta exógena de los valores relacionados con la prescripción en las Ciencias de Internet, donde se combinan Ciencia Aplicada y aplicación de la Ciencia, se pone de relieve el nexo entre el foco científico y el social (el primero y el tercero de los señalados al principio). Pero también laten aquí los valores propios de Internet en cuanto Tecnología, porque en la dimensión externa de la Red de redes confluyen la perspectiva externa de la Ciencia y la perspectiva externa de la Tecnología. Así, la toma de decisiones sobre el futuro de Internet ha de hacerse sobre la base de valores, que inciden tanto en la actividad científica como en el quehacer tecnológico de la Red, y donde los valores de la faceta exógena de la prescripción son especialmente importantes para la vida social.

Si prevalece la visión del futuro de Internet sobre la base de la preferencia del bien común o bien social compartido, entonces los valores de Internet como Tecnología habrían de ser complementarios de los valores de la Red como actividad científica. Esos valores —en especial, los relacionados con las Tecnologías de la Información y la Comunicación (TIC)— requerirían un tratamiento específico, a partir de los valores internos y externos de la configuración del quehacer tecnológico[34]. En este terreno —la Tecnología, en general, y las TIC, en particular—, los valores económicos tienen ciertamente un protagonismo mayor que en el caso de la actividad científica cuando se trata de la toma de decisiones.

Aunque el papel de lo normativo en el terreno tecnológico es más estricto, en principio, que el cometido de la prescripción en el campo científico[35], hay un nexo entre los valores tecnológicos y los valores científicos. Porque hay unos valores cognitivos en la Tecnología que enlazan con los científicos, en cuanto que, en este terreno, se combina el conocimiento científico con el conocimiento específico tecnológico y el conocimiento evaluativo. Así, la Ciencia Aplicada —como es, en este caso, las Ciencias de Internet— sirven de soporte para hacer diseños tecnológicos en la Red. Esto contribuye a la componente metodológica de la Tecnología, que es imperativo-hipotética. Esto supone el seguir las reglas, si se aceptan los objetivos propuestos, los medios elegidos y los costes estimados (González, 2013a, 22). Todo esto influye en el futuro de Internet, sobre todo una vez que la Ciencia predice las metas conseguibles a corto, medio o largo plazo.

Prescribir es entonces un cometido apoyado en predecir, que se torna más difícil en Internet al estar ante una complejidad doblemente dual: científica y tecnológica, estructural y dinámica. Así, ante la complejidad estructural, tanto de índole científica —epistemológica y ontológica— como de carácter tecnológico —la configuración de la plataforma de la Red, que permite su manejabilidad operativa y su conectividad—, la tarea de la prescripción es dar pautas (*patterns*) de actuación que solucionen los problemas actuales y los futuros.

Paralelamente, la aplicación de las pautas en el campo científico y en el terreno tecnológico ha de modularse, primero, a tenor de los distintos contextos de uso (micro, meso o macro) y, después, según una dinámica de historicidad marcada por las necesidades temporales (plazo inminente, corto, medio, largo o muy largo plazo). Esta complejidad dinámica —que no es mera "evolución"— requiere que las prescripciones se adecúen a cada caso concreto considerado, en razón de su variabilidad en términos de historicidad (González, 2017b).

8. Coda

Considerada Internet en su vertiente científica, ha mostrado la relevancia de la predicción y la prescripción, desde su constitución inicial como ARPANET hasta la impresionante situación actual[36], que abre nuevas perspectivas de futuro.

---

[34] Este plano general de los valores tecnológicos se aborda en González (2015b).

[35] La mayor exigencia normativa de la Tecnología le lleva a Ilkka Niiniluoto a plantearse si es una normatividad de obligado cumplimiento, cfr. Niiniluoto (1990). Desde otro ángulo, también se ha planteado qué límites puede tener la Tecnología desde una perspectiva externa y, en tal caso, a quién le corresponde la toma de decisiones. Cfr. Niiniluoto (1997).

[36] Sobre la Historia de Internet, véase Berners-Lee (1999). Una interesante síntesis histórica pos-

La Historia de la Red, en la que se insiste habitualmente en la Tecnología (en particular, en las Tecnologías de la Información y la Comunicación) y la Ciencia aparece en un segundo plano —hasta el punto de ser bastante recientes diversas denominaciones de las actividades científicas relacionadas con Internet—, solo se puede entender teniendo en cuenta la predicción y la prescripción. Porque ha sido necesario anticipar el futuro posible y seguir pautas para la resolución de problemas concretos, una trayectoria que generalmente ha dado buenos resultados.

Internamente la Red ha visto crecer su complejidad estructural —epistemológica y ontológica— e incrementar su complejidad dinámica de una manera incesante, sobre todo en las últimas dos décadas, debido en parte a avances en Inteligencia Artificial y al desarrollo de disciplinas científicas que, a comienzos de los años 90, apenas estaban en ciernes[37]. Ante el futuro, la historicidad de los procesos de predicción y prescripción permite apreciar que habrá cambios en el corto, medio y largo plazo, toda vez que Internet se ha convertido en el eje de una nueva etapa histórica: la Hiperhistoria.

Esos cambios versarán sobre los niveles ontológicos micro (los agentes individuales y grupos pequeños), meso (grupos más amplios y organizaciones con entidad propia) y macro (corporaciones, Estados, agentes transnacionales o multiagentes). Todos ellos inciden en la dimensión social —la perspectiva externa de la Ciencia, además de la perspectiva externa de la Tecnología—, pero ante todo incidirán en el tipo de los diseños científicos, las pautas de aplicación en los nuevos contextos de uso y en las innovaciones tecnológicas. Ahí cabe esperar novedades de tipo horizontal o longitudinal —una ampliación del campo cubierto— y novedades de carácter vertical o transversal (unas variaciones sustanciales o relevantes respecto de lo precedente).

Referencias bibliográficas

Ata, Nabil Abu el y Perks, Maurice J. (2014). *Solving the Dynamic Complexity Dilemma. Predictive and Prescriptive Business Management: Answering the Need for a New Paradigm*. Berlín: Springer.

Berners-Lee, Timothy (1999). *Weaving the Web*. Londres: Texere Publishing.

Cao, Longbing (2017a). Data Science: A Comprehensive Overview. En *ACM Computing Surveys*, 50(3), Art. 43, 1-42.

Cao, Longbing (2017b). Data Science: Challenges and Directions. En *Communications of ACM*, 60(8), 59-68.

---

terior se ofrece en Khoury y Abdallah (2013, 3-6).

[37] Conviene recordar que es el año 1989 cuando tiene lugar la creación de la *World Wide Web* por Tim Berners-Lee en el CERN y que la web se puso para dominio público en 1993

Dutton, William H. (2013). Internet Studies: The Foundation of a Transformative Field. En Dutton, William H. (Ed), *The Oxford Handbook of Internet Studies* (1-27). Oxford: Oxford University Press.

Floridi, Luciano (2013). *The Ethics of Information*. Oxford: Oxford University Press.

Floridi, Luciano (2014). *The Fourth Revolution - How the Infosphere is Reshaping Human Reality*. Oxford: Oxford University Press.

Floridi, Luciano (2016). Hiperhistoria, el surgimiento de sistemas de multiagentes (SMAs) y el diseño de la infraética. Ponencia en las *Jornadas sobre Inteligencia Artificial y Sociedad contemporánea: El cometido de la información*, celebradas en la Universidad de A Coruña, Campus de Ferrol, presentada el 10 de marzo de 2016.

González, Wenceslao J. (1998a). Racionalidad científica y racionalidad tecnológica: La mediación de la racionalidad económica. *Ágora*, 17(2), 95-115.

González, Wenceslao J. (1998b). Prediction and Prescription in Economics: A Philosophical and Methodological Approach. *Theoria*, 13(32), 321-345.

González, Wenceslao J. (1999). Valores económicos en la configuración de la Tecnología. *Argumentos de Razón Técnica*, 2, 69-96.

González, Wenceslao J. (2005). The Philosophical Approach to Science, Technology and Society. En González, Wenceslao J. (Ed.). *Science, Technology and Society: A Philosophical Perspective* (pp. 3-49). A Coruña: Netbiblo.

González, Wenceslao J (2007a). Análisis de las Ciencias de Diseño desde la racionalidad limitada, la predicción y la prescripción. En González, Wenceslao J. (Ed.), *Las Ciencias de Diseño: Racionalidad limitada, predicción y prescripción* (pp. 3-38). A Coruña: Netbiblo.

González, Wenceslao J (2007b). Configuración de las Ciencias de Diseño como Ciencias de lo Artificial: Papel de la Inteligencia Artificial y de la racionalidad limitada. En González, Wenceslao J. (ed), *Las Ciencias de Diseño: Racionalidad limitada, predicción y prescripción* (pp.41-69). A Coruña: Netbiblo.

González, Wenceslao J. (2008a). La televisión interactiva y las Ciencias de lo Artificial. En Arrojo, María José, *La configuración de la televisión interactiva: De las plataformas digitales a la TDT* (pp. xi-xvii). A Coruña: Netbiblo.

González, Wenceslao J. (2008b). Rationality and Prediction in the Sciences of the Artificial: Economics as a Design Science. En Galavotti, Maria Carta, Scazzieri, Roberto y Suppes, Patrick. (Eds), *Reasoning, Rationality, and Probability*, pp. 165-186. Stanford: CSLI Publications.

González, Wenceslao J. (2010). *La predicción científica: Concepciones filosófico-metodológicas desde H. Reichenbach a N. Rescher*. Barcelona: Montesinos.

González, Wenceslao J. (2011). Conceptual Changes and Scientific Diversity: The Role of Historicity. En González, Wenceslao J. (Ed.). *Conceptual Revolutions: From Cognitive Science to Medicine* (pp. 39-62). A Coruña: Netbiblo.

González, Wenceslao J. (2013a). The Roles of Scientific Creativity and Technological Innovation in the Context of Complexity of Science. En González, Wenceslao J. (Ed.), *Creativity, Innovation, and Complexity in Science* (pp. 11-40). A Coruña: Netbiblo.

González, Wenceslao J. (2013b). The Sciences of Design as Sciences of Complexity: The Dynamic Trait. En Andersen, Hanne, Dieks, Dennis, González, Wenceslao J., Uebel, Thomas y Wheeler, Gregory (Eds.), *New Challenges to Philosophy of Science* (pp. 299-311). Dordrecht: Springer.

González, Wenceslao J. (2015a). *Philosophico-Methodological Analysis of Prediction and its Role in Economics*. Dordrecht: Springer.

González, Wenceslao J. (2015b). On the Role of Values in the Configuration of Technology: From Axiology to Ethics. En González, Wenceslao J. (Ed.), *New Perspectives on Technology, Values, and Ethics: Theoretical and Practical*, Boston Studies in the Philosophy and History of Science (pp. 3-27). Dordrecht: Springer.

González, Wenceslao J. (2017a). From Intelligence to Rationality of Minds and Machines in Contemporary Society: The Sciences of Design and the Role of Information. *Minds and Machines*, 27(3), 397-424. DOI: 10.1007/s11023-017-9439-0.

González, Wenceslao J. (2017b). Cambio conceptual y diversidad científica: El papel de la historicidad en la dinámica de la Ciencia. *Factótum. Revista de Filosofía*, 18, en prensa.

Graham, Gordon (1999). *The Internet: A Philosophical Inquiry*. Londres: Routledge.

Halldórsson, Magnus M. (ed) (2014). *Structural Information and Communication Complexity: 21st International Colloquium, SIROCCO 2014*. Dordrecht: Springer.

Lanier, Jaron (2017). *Dawn of the New Everything. A Journey Through Virtual Reality*. Londres: Bodley Head.

Lewis-Kraus, Gideon (2016, 14 de diciembre). The Great A.I. Awakening. *The New York Times Magazine*, pp. 7-18. Disponible en:

https://www.nytimes.com/2016/12/14/magazine/the-great-ai-awakening.html?_r=0

Kang, C. (2017). F.C.C. Repeals Net Neutrality Rules. Disponible en: *https:// www.nytimes.com/2017/12/14/technology/net-neutrality-repeal-vote.html* (acceso 15. 12. 2017). Publicado en la edición en papel del diario: Kang, C., "F.C.C. Reverses Rules Requiring Net Neutrality", *New York Times*, 15.12.2017, page A1.

Khoury, Joud S. y Abdallah, Chaouki T. (2013). *Internet Naming and Discovery: Architecture and Economics*. Londres: Springer.

Nicolis, Gregoire y Nicolis, Catherine (2012). *Foundations of Complex Systems: Emergence, Information and Prediction*. Hackensack, NJ: World Scientific.

Niiniluoto, Ilkka (1990). Should Technological Imperatives Be Obeyed? *International Studies in the Philosophy of Science*, 4, 181-187.

Niiniluoto, Ilkka (1993). The Aim and Structure of Applied Research. *Erkenntnis*, 38, 1-21.

Niiniluoto, Ilkka (1997). Límites de la Tecnología. *Arbor*, 57(620), 391-410.

Rescher, Nicholas (1999). *Razón y valores en la Era científico-tecnológica*. Barcelona: Paidós.

Sen, Amartya (1986). Prediction and Economic Theory. En Mason, John, Mathias, P. y Westcott, J. H. (eds), *Predictability in Science and Society* (pp. 3-23). Londres: The Royal Society and The British Academy.

Simon, Herbert A. (1990). Prediction and Prescription in Systems Modeling. *Operations Research*, 38, 7-14. Compilado en Simon, Herbert A. *Models of Bounded Rationality*. Vol. 3: *Empirically Grounded Economic Reason*. Cambridge, MA: The MIT Press, 1997, pp. 115-128.

Simon, Herbert A. (1996). *The Sciences of the Artificial*, 3ª ed. Cambridge, MA: The MIT Press.

Simon, Herbert A. (2002). Forecasting the future or shaping it? *Industrial and Corporate Change*, 1(3), 601-605.

Tiropanis, Thanassis, Hall, Wendy, Crowcroft, Jon, Contractor, Noshir y Tassiulas, Leandros (2015). Network Science, Web Science, and Internet Science. *Communications of ACM*, 58(8), 76-82.

Winter, Jenifer y Ono, Ryota (eds.) (2015a). *The Future Internet: Alternative Visions*. Dordrecht: Springer.

Winter, Jenifer y Ono, Ryota (2015b). Introduction to the Future of Internet: Alternative Visions. En Winter, Jenifer y Ono, Ryota (Eds), *The Future Internet: Alternative Visions* (pp. 1-16). Dordrecht: Springer.

Winter, Jenifer y Ono, Ryota (2015c). Conclusion: Three Stages of the Future Internet. En Winter, Jenifer y Ono, Ryota (Eds), *The Future Internet: Alternative Visions* (pp. 217-224). Dordrecht, Springer.

Yoo, Christopher S. (2012). *The Dynamic Internet: How Technology, Users, and Businesses are Changing the Network*. Washington: AEI Press.

Yuan, Ruixi y Gong, Weibo (2011). On the Complexity and Manageability of Internet Infrastructure. *Frontiers of Electrical and Electronic Engineering in China*, 6(3), 424-428.

ArtefaCToS. Revista de estudios de la ciencia y la tecnología
eISSN: 1989-3612
Vol. 7, No. 1 (2018), 2ª Época, 99-120
DOI: http://dx.doi.org/10.14201/art20187199120

Hacia una ética para el mundo tecnológico

Towards an Ethics for the Technological World

Jorge LINARES
Universidad Nacional Autónoma de México
lisjor@unam.mx

Recibido: 09/01/2018. Revisado: 15/01/2018. Aceptado: 24/01/2018

Resumen

Este artículo sintetiza y actualiza, en parte, lo que he desarrollado en el *libro Ética y mundo tecnológico* (2008). La tesis central es que el mundo tecnológico actual es en un sistema global de dominio sobre la naturaleza y sobre la sociedad; una red de sistemas técnicos que interactúan incrementando la complejidad de las interrelaciones y el alcance espaciotemporal de sus efectos, porque está gobernado por una razón tecnocientífica uniforme y basada en una nueva "fuerza mayor". Por ello, es necesario analizar y repensar las condiciones y estructuras del mundo tecnológico en el que vivimos, así como cuestionar su racionalidad e Imperativo tecnológico de transformación y dominación de todos los objetos naturales o técnicos. Los proyectos tecnológicos pueden ser reorientados o modificados si implican riesgos mayores para la naturaleza y para la vida humana. Por ello, es necesario y factible reconstruir una ética para el mundo tecnológico. Se exponen brevemente los cuatro principios fundamentales de una ética que evalúe los efectos del poder tecnológico: responsabilidad social, precaución, justicia distributiva y autonomía individual y comunitaria.

Palabras clave: ética; mundo tecnológico; tecnociencia; razón tecnocientífica; riesgos tecnológicos.

Abstract

This article synthesizes and updates, in part, what I have developed in the book Ethics and Technological World (2008). The central thesis is that the current technological world has become a global system of dominance over nature and society; It is a network of technical systems that interact by increasing the complexity of interrelations and their temporal and geographical effects, because it is governed by a uniform techno-scientific reason, based on the new "force majeure". Therefore, it is necessary to analyze and rethink the conditions and structures of the technological world in which we live, as well as to question its rationality and technological imperative of transformation and domination of all natural or technical objects. Technological projects can be reoriented or modified if they involve greater risks to nature and human life. To do this, it is necessary and achievable to rebuild an ethics for the technological world. The four fundamental principles of that ethics that assesses the effects of technological power are briefly exposed: social responsibility, precaution, distributive justice and individual and communitarian autonomy.

Keywords: *Ethics; Technological World; Technoscience; Techno-Scientific Reason; Technological Risks.*

1. Introducción

Lo que sigue es una síntesis y actualización, en parte, de lo que he expuesto en mi libro *Ética y mundo tecnológico* (Linares, 2008). La tecnología contemporánea se ha convertido en el factor determinante de la praxis social, y en horizonte de las relaciones cognitivas y pragmáticas entre el ser humano y su mundo, porque es mucho más que un conjunto de instrumentos y sistemas técnicos; constituye más bien un sistema global en expansión, una red de sistemas técnicos (que funciona a través de mediaciones informáticas y una red de telecomunicaciones y transportes) que interactúan incrementando la complejidad de las interrelaciones tecnológicas y el alcance global de sus efectos sobre la naturaleza y la sociedad. El próximo nivel de interacción entre artefactos, sistemas técnicos y agentes humanos anticipa ya una cuarta revolución industrial que interconectará con el intercambio de información, acción y conocimiento, mediante inteligencia artificial, a los artefactos y a los agentes humanos (Schwab, 2016). Por ello, la extensión del poder tecnológico ha transformado también la autocomprensión del ser humano (tanto de su propia naturaleza como de sus relaciones con el mundo natural), convirtiéndolo ya en el objeto principal de ese gran proyecto de transformación ontológica del mundo.

Sin embargo, no poseemos actualmente categorías adecuadas para efectuar una exhaustiva evaluación ética del mundo tecnológico. Se ha generado una discrepancia entre el poder tecnológico y nuestra conciencia ética, pues dicho poder ha rebasado nuestra capacidad de control –e incluso de comprensión– de lo que ahora somos capaces de producir. Por consiguiente, es necesario reflexionar sobre los fines, medios y circunstancias que han de guiar la capacidad transformadora que la humanidad ha desplegado en esta nueva era, así como sus interacciones con el mundo artefactual.

Los fines intrínsecos del sistema tecnológico no son una necesidad inexorable. Los proyectos y sistemas tecnológicos pueden ser reorientados o modificados si implican riesgos mayores para la naturaleza y para la vida humana. Por ello, es necesario discutir sobre la necesidad y la posibilidad de una ética para el mundo tecnológico. Y para ello, he propuesto en *Ética y mundo tecnológico* (Linares, 2008) cuatro principios fundamentales de una ética que oriente a los individuos y a las instituciones sociales para analizar y evaluar los efectos del poder tecnológico: responsabilidad social, precaución, justicia distributiva y autonomía individual y comunitaria.

2. Los anunciadores del peligro mayor

Durante el siglo XX los fines del desarrollo tecnológico se convirtieron en un tema crucial de la reflexión ética y ontológica, a pesar de que la técnica no fue uno de los temas que más preocupó a los filósofos. Entre diversas concepciones, surgió una corriente filosófica que cuestionó el rumbo del progreso tecnológico. Algunos de los pensadores de esa corriente emprendieron diagnósticos críticos muy similares del proyecto moderno que propugnó un dominio total del ser humano sobre la naturaleza. Asimismo, advirtieron el inicio de una crisis histórica que cimbraba los fundamentos del mundo contemporáneo, pues ponía en peligro la viabilidad de muchos ecosistemas, las fuentes de recursos naturales, así como los frágiles equilibrios ambientales entre la humanidad y el planeta entero. Esta reflexión escéptica de distintos pensadores ante el progreso tecnológico fue motivada por un sentimiento común de temor ante la posibilidad de un desastre mayor, que podría ser consecuencia directa de la expansión desmesurada y acelerada del poder tecnológico, porque pondría en peligro la permanencia de los rasgos esenciales de la condición humana, e incluso la supervivencia misma de nuestra especie.

Entre esos pensadores elegí a los cinco que representan de la manera más completa una filosofía de la "sospecha" sobre el progreso tecnológico: Martin Heidegger, Jacques Ellul, Günther Anders, Hans Jonas y Eduardo Nicol.[1] Ellos leyeron los signos del Apocalipsis en los logros de la razón tecnocientífica, pues

---

[1] Principales obras en orden cronológico: M. Heidegger, *La pregunta por la técnica* (1949); J. Ellul, *La técnica o la apuesta del siglo* (1954); G. Anders, *La obsolescencia del hombre* (1956); E. Nicol, *El porvenir de la filosofía* (1972), y H. Jonas, *El principio de responsabilidad* (1979). En *Ética y mundo tecnológico*, dedico sendos capítulos a cada uno para analizar y evaluar sus diagnósticos.

advirtieron que la realización de la utopía tecnológica implicaba el peligro de una deformación radical e irreparable de la condición humana: el ser humano dejaría de ser agente de su propio destino, a causa de la imposición de una razón tecnológica que lo constriñe a un solo fin. La pérdida de su diversidad de formas de vida y capacidad autoproyectiva se vincularía con la destrucción de su medio ambiente y con el desequilibrio entre la razón ética y la razón tecnológica. En consecuencia, estos pensadores sostuvieron la necesidad de generar una reacción moral que criticara los fundamentos del mundo tecnológico, y que revelara la ceguera e inconsciencia con las que los seres humanos se habían entregado al imperativo de la razón tecnológica, sin reparar en que quizá estaban dirigiéndose hacia la disolución de su propio ser histórico ("ser proteico", lo llamaba Nicol), de su inherente libertad para ser, en lugar de encaminarse hacia un estado de pleno bienestar y superación de todas las restricciones y sufrimientos que nos ha impuesto la naturaleza desde nuestros orígenes.

Sin embargo, los diagnósticos de estos cinco pensadores desembocan, en su mayoría, en conclusiones paradójicas y nos colocan ante la inminencia de un futuro inevitable del que no podremos escapar, ya sea por la destrucción ambiental y el agotamiento de recursos vitales para nuestra supervivencia, ya sea por las nuevas guerras tecnológicas que se ciernen sobre una humanidad que ha sobrepoblado el planeta, o ya sea por la transformación radical e irreversible de la *naturaleza* humana, la disolución de su razón autoconsciente, la alteración irreparable del genoma o del cerebro humanos, y por ende, de nuestras capacidades morales y auto-reflexivas. Los análisis de los cinco pensadores mencionados nos conducen a una última constatación: se aproxima nuestra hora final.

Así pues, he denominado a esos cinco pensadores los *anunciadores del peligro mayor*. Ellos alzaron la voz en el desierto de una sociedad que se ha obnubilado por los logros tecnológicos (muchos de ellos benéficos e indispensables, sin duda; pero también irrenunciables), y que se ha cegado ante los peligros provocados por el expansivo dominio humano sobre la naturaleza y sobre su propia condición natural. Ahora incluso comenzamos a pensar (con cierto ingenuo entusiasmo) que se ha iniciado la Era del Antropoceno, y que la naturaleza terrestre ya no volverá a ser nunca más como antes: hemos alterado y transformado prácticamente todos sus ecosistemas (Mckibben, 2003). Otros pensadores contemporáneos anuncian ya la integración y fusión del mundo de los objetos naturales, los artefactos y los humanos en una nueva "infoesfera" en la que todos los objetos se integran mediante el intercambio y procesamiento de información digital (Floridi, 2014).

Lo característico de los diagnósticos de los *anunciadores* del peligro inserto en el mundo tecnológico consiste en la anticipación y previsión de catástrofes que se empiezan a gestar en el presente. Las catástrofes que esos cinco pensadores anuncian son de orden ecológico, histórico, político-social e, incluso, alcanzan una dimensión ontológica; pero, ante todo, estaría en peligro el hombre mismo como ser libre y autoconsciente, capaz de autocontención y de asumir responsabilidad por todo el planeta. Pero sus llamados de alerta son como voces de profetas en el desierto. Pocos creen que ellos hayan tenido razón, pocos son afectos a la "heurística del temor" que propugnó Hans Jonas, porque la mayoría nos mantenemos prisioneros de lo que llamó Anders el "desfase prometeico": ya no somos capaces de imaginar aquello que estamos provocando, hemos perdido la sensibilidad moral para tomar conciencia y responsabilidad de muchos de los efectos del mundo tecnológico. Por ello, el discurso filosófico de los anunciadores no está exento de un tono apocalíptico y de una visión pesimista sobre la condición humana. Sin embargo, detrás de ese pesimismo, se revela una firme esperanza en la capacidad humana para recuperar y conservar el sentido ético de su existencia[2], mientras todavía sea posible.

En una perspectiva más sosegada, el problema central para la ética del mundo tecnológico consiste en preservar, por un lado, la fuerza civilizatoria de emancipación social y de autonomía individual que los sistemas tecnológicos conllevan todavía; pero, por otro, implica generar un nuevo sentido de responsabilidad colectiva (extendida planetariamente y con alcances hacia el futuro) que reoriente y refrene los excesos negativos del poder tecnológico, tanto sobre la naturaleza como sobre la vida humana. Necesitamos generar un nuevo sentido de prudencia colectiva que sea previsora y anticipatoria, y para ello es posible disponer de las capacidades cognitivas ampliadas de las propias tecnologías informáticas y de la interrelación sistémica entre artefactos y agentes humanos. Al mismo tiempo, tendremos que distribuir de manera más justa tanto los beneficios como los riesgos del mundo tecnológico, y en esa justicia distributiva debe incluirse a muchos otros seres vivos a los cuales hemos afectado.

Pero ¿por qué y para qué poner límites al poder tecnológico, si ha reportado tan grandes beneficios generales? ¿Su derrotero no es acaso inexorable, imparable? Son justamente los rasgos ontológicos del mundo tecnológico y la particular forma de racionalidad que lo gobierna los que denotan la fuente del peligro mayor que vislumbraron los anunciadores: su expansión acelerada y su desmesura, su falta de límites, su *hybris*.

---

[2] La ética de anticipación de las catástrofes revela que es precisamente la indeterminación de los acontecimientos históricos que estamos atestiguando (las innovaciones tecnocientíficas y sus repercusiones en el mundo) lo que nos permite (y no obliga) pensar en la posibilidad de un escenario negativo, resultado de las acciones presentes. El plantear la posibilidad de la catástrofe no implica una concepción determinista de la historia y una negación de la libertad humana, sino todo lo contrario. Es el hacer un llamado a la responsabilidad colectiva para preservar los límites de la condición humana. El *mal mayor* es posible como consecuencia de nuestras propias acciones; nuestra responsabilidad consiste en anticiparlo, preverlo y evitarlo a toda costa.

3. El mundo tecnológico como entorno primario

La técnica en su estado actual dejó de ser mero instrumentum para convertirse en un horizonte de posibilidades que configura nuestro entorno primario. Por primera vez, habitamos en un entorno de *naturaleza bio-artefactual* e industrializada, que está lleno de objetos artefactuales, separado y –en parte– enfrentado a la naturaleza ambiente en la que evolucionamos. Así pues, la tecnología contemporánea ha devenido *mundo tecnológico*. El retorno a un mundo natural sólo sería factible después de una destrucción catastrófica de la civilización tecnológica. Muchas de las utopías negativas, al estilo *Mad Max*, lo han anticipado en la literatura y en el cine. La transformación radical de nuestro entorno, que va del entorno natural al bio-artefactual, no implica una trasposición simple o una conversión en un mundo artificial que podamos conducir y gobernar plenamente. El mundo tecnológico subsume, desde luego, partes de naturaleza no transformada, organismos vivos y fuerzas naturales que no podemos controlar ni conducir porque no las entendemos del todo. El mundo tecnológico es un híbrido más complejo y enredado, híbrido de *physis* y *techne*, que se está desarrollando de forma sistémica y casi orgánica, de manera independiente a nuestros propios designios. No conocemos aún cómo actúan las causas que producen muchos de los efectos del mundo natural que permanecen y se articulan con los sistemas artefactuales y los sociosistemas técnicos. Nuestro actual mundo artefactual es de una complejidad mayor y se ha vuelto tan inmediato y, a la vez, inaccesible.

Tal como lo señalan los autores de *Next Nature*, (Van Mensvoort, 2011), coordinados por Koert Van Mensvoort y Hendrik-Jan Grievink, en nuestra época deberíamos reconsiderar la habitual diferencia conceptual entre naturaleza y cultura, o bien entre lo nacido y crecido naturalmente y lo producido o hecho técnicamente; ya que, por un lado, la intervención humana ha logrado transformar muchas entidades naturales y, por otro, los sistemas creados por los humanos se han vuelto tan autónomos que parecen asimilarse a las cosas que surgen naturalmente sin nuestra intervención. En lugar de seguir pensando en la clásica división aristotélica entre las cosas producidas por la naturaleza y las hechas por la técnica (Aristóteles, 2001), los autores de *Next Nature* nos proponen pensar ahora en la distinción entre lo que podemos dominar o controlar (técnicamente) y lo que aún no, o que está más allá de la posibilidad de ser controlado (lo verdaderamente *otro*). De este modo, ya no debería ser relevante, p. ej., si los organismos vivos (micro o macroscópicos) son "naturales" o han sido intervenidos biotecnológicamente, sino si podemos controlar su diseño, producción y funcionamientos, tal como podemos hacerlo, hasta cierto punto, con artefactos convencionales como teléfonos, máquinas o robots[3].

---

[3] El concepto de control técnico es fundamental en las operaciones tecnológicas actuales. Controlar implica una amplia gama de acciones cognitivas y prácticas. Comprende las acciones de inspeccionar, vigilar, comprobar, supervisar, así como intervenir, regular, moderar, limitar, gobernar y, finalmente, el grado más alto de control es el dominar un objeto o sistema de objetos.

Hemos podido lograr el dominio técnico de seres vivos mediante un largo proceso de domesticación que comenzó hace miles de años, que ahora accede a un nuevo nivel gracias a la ingeniería genética y la biología sintética. Podemos extraer y modificar entidades naturales como el petróleo y muchos minerales; en cierta forma se podría decir que podemos "controlar" la energía nuclear proveniente de la fisión; pero no podemos aún controlar técnicamente a muchos virus, microorganismos, fenómenos climáticos como los huracanes o tornados, o procesos biológicos anómalos como el cáncer y otras mutaciones genéticas. Del mismo modo, no podemos anticipar del todo el comportamiento de sistemas y cosas creadas por la técnica humana: virus informáticos, el tráfico de vehículos en las ciudades, o tráfico de información en la Internet. Así pues, nuestra noción de lo "natural" debe evolucionar para dar cuenta de las múltiples formas en que ahora intervenimos y modificamos entidades naturales y creamos híbridos culturales, *naturoides* (Negrotti, 2012) y *bioartefactos* (Linares & Arriaga, 2016) de distinta índole en el mundo tecnológico contemporáneo. La distinción entre lo controlable y lo que no lo es cambiará nuestras viejas nociones (de herencia aristotélica) sobre la *physis* y la *techne*: un tomate genéticamente modificado es parte del ámbito cultural de lo controlable por la técnica (al menos eso suponen los biotecnólogos), mientras que los virus informáticos o el tráfico vehicular de las grandes ciudades pertenecerían al ámbito de una nueva modalidad de lo "natural" o de lo incontrolable por la técnica, aunque su origen pueda ser artefactual o cultural. Así que la distinción esencial entre lo técnico (artefactual o artificial) y lo natural se deslizaría hacia lo que puede ser intervenido y controlado y lo que no lo es, no importa cuál sea su origen. De este modo, se está gestando una nueva modalidad de naturaleza, una *next nature*; y por eso Mensvoort sostiene que ahora "real nature is not green".

Prácticamente no existe ya naturaleza que no haya sido afectada o tocada por la acción técnica humana. La naturaleza en estado *natural* se está desvaneciendo gracias al efecto expansivo de la intervención y dominio técnico sobre todas las entidades y ecosistemas de la Tierra (Mckibben, 2003; Purdy, 2015). Ello implica que, desde el punto de vista epistémico y estético, las diferencias, antes ostensibles, entre lo natural y lo técnico, también se difuminan. Este proceso se debe a la capacidad creciente de las biotecnologías para modificar, alterar, (re)diseñar y controlar los funcionamientos de organismos vivos, tejidos, microorganismos, moléculas biológicas, pero también a todas las tecnologías que han alterado los componentes y equilibrios químicos y físicos de los ecosistemas, desde hace más de un siglo. Se debe pues al avance de las biotecnociencias en su capacidad de intervención en la materia viva, y a las tecnologías abióticas, en su capacidad de transformación de la materia y la energía en general. La convergencia digital e informatizada que se avizora ahora se dará entre artefactos abióticos, bioar-

---

Por supuesto, el control técnico sólo es factible con un sistemas instrumentales cada vez más sofisticados.

tefactos y sujetos humanos, intercambiando información digital e información genética, combinando sus materiales y estructuras mediante nanotecnologías e infobiotecnologías. Así, en el mundo tecnológico se dará, muy probablemente, la transformación onto-tecnológica de la materia, tanto inerte como viva, en nuevas formas de objetos, materiales y organismos vivos sin precedentes en la naturaleza *natural*.

El proceso que subyace, en todo caso, a esta mutación radical en el mundo contemporáneo es el desarrollo de la tecnociencia y de las tecnologías desde el siglo XX, como última manifestación del proyecto moderno de dominación técnica de toda la realidad natural. El objetivo principal de este proyecto global civilizatorio es el dominio e intervención tecnológica en la naturaleza, tanto biótica como abiótica. Ha consistido en un colosal proyecto de colonización técnica de la naturaleza para adecuar las fuerzas, entidades y procesos naturales a los fines humanos, para proveer los medios suficientes para el bienestar material de la humanidad, tal como lo señalaba Ortega y Gasset en su *Meditación de la técnica* (Ortega y Gasset, 2015). Desde la visión moderna de la tecnociencia, toda entidad natural y, en general, la naturaleza como un sistema entero se muestran como *disponibles* para ser materia prima de producciones de muy distinta índole; para ser transformados, alterados y adaptados a las formas y funciones que los humanos necesitan, se imaginan o desean. Este dispositivo universal de modificación técnica que compele a todas las sociedades actuales es lo que denominó Heidegger la "esencia de la técnica", o *lo Gestell* (Heidegger, 1995).

Así, toda entidad natural adquiere sólo un valor instrumental, mientras que su valor inherente resulta irrelevante para la visión tecno-científica. En esta dicotomía entre lo instrumental y lo natural surge la distinción onto-técnica entre lo natural y lo artefactual.[4] Siguiendo la clásica concepción aristotélica entre lo generado por *physis* y lo producido por *techne*, lo natural es aquello que no ha sido intervenido por la agencia humana en ninguna de sus cuatro causas (material, formal, eficiente y final). Lo artefactual implica necesariamente que algo, por muy natural que permanezca, ha sido intervenido intencionalmente en al menos una de sus causas. Lo artefactual sólo existe y permanece por causa de los fines, propósitos y diseños humanos, mientras que lo natural se mantiene totalmente al margen de éstos. Lo artefactual debe contener una finalidad extrínseca, asignada por los agentes humanos (el en futuro podrían ser agentes de IA); mientras que las entidades naturales (los organismos vivos, típicamente) poseen finalidades

---

[4] Nos referiremos siempre a la relación y dicotomía entre natural/artefactual y no entre natural/artificial, como suele decirse. Lo artificial puede llegar a replicar lo natural, al menos en sus formas y funciones; mientras que lo artefactual puede ser también natural, al menos en su materialidad y fines intrínsecos, pero siempre contendrá un grado de artificialidad, pues el trabajo humano inserta en los bioartefactos funciones o fines que no son naturales, sino que simulan o imitan procesos naturales, como es el caso de la transgénesis o transferencia horizontal genética entre especies, que se produce técnicamente en los OGM replicando lo que, raramente, sucede en la interacción biológica entre especies naturales.

intrínsecas o inmanentes (de ahí proviene su "valor inherente", además de que son manifestaciones de una cadena evolutiva). Sin embargo, como señala Keekok Lee:

> Las más radicales y poderosas tecnologías del final del siglo XX y del XXI son capaces de producir artefactos con un nivel creciente de arte-facticidad. El desafío planteado por el moderno *homo faber* es la siste-mática eliminación de la naturaleza, tanto en el nivel empírico como en el ontológico, y de este modo, generando además una civilización narcisista (Lee, 1999, 2).

En consecuencia, el proyecto de la civilización tecnocientífica se propone convertir todo lo que existe en la naturaleza en producto artefactual; dentro de este propósito se incluye la transformación radical, en términos ontológicos, axiológicos y estéticos de todo organismo vivo en organismo vivo artefactual, es decir, en un bioartefacto, con distintos grados de artefactualidad o artefacticidad,[5] dependiente del grado de conocimiento científico y control técnico que se haya logrado. Este es el plan de trabajo de las biotecnologías, las nanobiotecnología, la ingeniería genética y la biología sintética. La naturaleza se vuelve así, por medio de estas poderosas biotécnicas, un híbrido bio-artefactual, adquiere forma cultural, flexible, plástica y evoluciona a la par que nuestras representaciones culturales, fines, ideales o debates y controversias sociales. De este modo, el desafío filosófico que inquieta y causa asombro es si este avance de las tecnociencias puede conducirnos a una situación en la que se diluya por completo la diferencia entre lo natural y lo artefactual, es decir, en la que lo artefactual reemplace todo lo natural de modo irreversible. Esta es la finalidad última en la Era del Antropoceno. De este modo, tendríamos una naturaleza por completo manufacturada, nada quedaría de la naturaleza en estado *natural*. Esto es lo que podemos denominar una revolución bioartefactual en marcha.

---

[5] Keekok Lee utiliza el término artefacticity, "artefacticidad". He preferido utilizar artefactualidad y bioartefactualidad. Ambos términos son adjetivos que indican la cualidad de ser productos de la técnica (arte) y no sólo de la naturaleza. Así, los términos que empleo son los siguientes: a) *artefacto* o artefacto abiótico, lo que está hecho por técnica y no es un organismo vivo en sí y por sí mismo; b) *bioartefacto*, el artefacto biótico que es el resultado de modificar técnicamente un organismo vivo, pero como tal subsiste por sí y en sí mismo como "entidad natural" ligada con otros organismos vivos y vinculado, en principio, a la evolución; d) *bioartefactual*, cualidad que se predica de un ser vivo tras haber sido modificado por técnica; e) *bioartefactualidad*, sustantivo que indica el ámbito en donde y por lo que acontece lo bioartefactual; f) *bioartificial*, cualidad que se predica de un *artefacto biótico* artificial o sin material biótico *natural* que imitara o replicara en sus funcionamientos básicos una entidad natural, con componentes y estructuras bioquímicos distintos (otra forma de código genético o de compuestos químicos), pero que no sería por sí mismo un organismo vivo natural ligado evolutivamente a los demás; g) *bioartificialidad*, sustantivo que indica el ámbito en donde acontece lo bioartificial. Esta última modalidad de bioartefactos artificiales no se ha logrado producir todavía.

Lo preocupante de la tecnología moderna a largo plazo podría no ser que amenace a la vida en la Tierra como sabemos, a causa de sus efectos contaminantes, sino podría ser finalmente la humanización de toda la naturaleza. La Naturaleza, como "lo Otro", sería eliminada (Lee, 1999, 4).

4. La racionalidad del mundo tecnológico

La racionalidad que gobierna este mundo tecnológico es una nueva y poderosa modalidad de instrumentalidad pragmática cuyo fin es el logro de la máxima eficacia en el control y dominio de entidades naturales y sistemas sociales. Esta racionalidad se caracteriza por su capacidad para reducir la naturaleza entera –incluso al ser humano mismo– a fungir como reserva disponible para la manipulación o transformación técnica. El peligro para el ser del hombre (que vislumbraron los cinco anunciadores) reside precisamente en la ilusión de que todo cuanto nos sale al paso existe sólo en la medida en que puede ser usado o transformado técnicamente. Para este fin, la razón tecnológica ha logrado subordinar a la razón científica y ha podido desplazar a la razón teórica (científica o filosófica) del puesto central que ocupó en la historia de la civilización occidental.

La tecnología se ha convertido en el entorno necesario e indispensable para los fines pragmáticos de los seres humanos porque han devenido fines primarios, desplazando a los fines teóricos y contemplativos, a los estéticos o religiosos y a cualquier modalidad que no responde directamente a la presión de la necesidad. La nueva razón tecnológica es, como la pensó Nicol, una razón de fuerza mayor que predomina en todos los ámbitos de la actividad social. La razón tecnológica configura ahora las condiciones de la experiencia humana: la forma en que nos representamos el mundo, la forma en que actuamos en él y los criterios que utilizamos para valorarlo. No es casual que estemos obsesionados por medir, calcular, transformar, instrumentalizar, cosificar, convertir en objeto, mercancía y valor económico todo lo que encontramos en el mundo.

Ahora la racionalidad tecnológica (racionalidad pragmática uniforme y universal) se ha vuelto predominante y amenaza con extinguir a la racionalidad teorética y a toda forma desinteresada de relacionarse con las cosas. Este es el fenómeno que Eduardo Nicol denomina *razón de fuerza mayor*: consiste en el surgimiento de una razón unilateral que se impone por necesidad sobre las acciones libres (de ahí su fuerza mayor), que no discurre dialógicamente, que no da razones, que es indiferente a la verdad, que es violenta porque se basa en la fuerza, que supedita a los individuos y a las instituciones a una nueva forma de necesidad no natural en un mundo totalmente artefactual. Las dos formas de razón se enfrentan ahora, la reflexión teorética, desprendida de las necesidades pragmáticas y productivas, lucha por sobrevivir dando testimonio del surgimiento de la *razón de fuerza mayor*. Si la razón teorética declinara hasta eclipsarse (Nicol, 1972) se perdería la independencia de la razón humana y la posibilidad de una vinculación libre con la totalidad del ser mediante la búsqueda de la verdad, la belleza o la simple realidad compartida. No es casual que en el mundo tecnológico de las redes de comunicación instantánea la verdad ya no sea un referente social. En el mundo tecnológico de la virtualidad digital, cualquier cosa puede parecer verdadera, real o actual. Solo el logos dialógico de la razón que da razones es capaz de recuperar el mundo de la objetividad y de la realidad, tanto natural como social.

La racionalidad tecnológica se impone como una especie de imperativo que emplaza al ser humano a transformar y explotar la realidad natural. Este "imperativo tecnológico" implica que todo lo que puede realizarse técnicamente está moralmente justificado y que, al menos, todo lo técnicamente posible está en vías de ser realizado y *debe* materializarse. Ahí aparece otra vez la fuerza mayor de la razón tecnológica: nuestro destino está ya definido por ella. Desde luego que la tecnología está condicionada por una serie de factores sociales, económicos y políticos, pero la idea del "imperativo tecnológico" señala el fundamento de la racionalidad tecnológica: una implacable voluntad colectiva de poder sobre todos los objetos que están o que *deben surgir* en el mundo. El incremento del poder (máxima eficacia y eficiencia para convertir todo objeto en mercancía, y todo valor en valor de cambio para el mercado mundial) es el fin último al que se subordinan todas las demás condiciones y todos los fines de los agentes humanos.

5. Artefactos, sistemas y mundo tecnológico

Habitualmente pensamos la tecnología solamente como objeto o instrumento "a-la-mano"[6] que podemos usar y controlar a voluntad. Esa fue la condición general de la técnica en la historia pasada, pero ya no lo es ahora. Hasta los inicios de la modernidad, el mundo técnico se componía de instrumentos, herramientas y sistemas simples. El del presente es un mundo tecnológico y tecnocientífico que concatena múltiples sistemas técnicos, artefactos, sistemas naturales y agentes humanos, y que les confiere cada vez más agencia a todos los artefactos y sistemas técnicos. El medio que ha desarrollado para interconectarlos en la digitalización y los sistemas informáticos, pero ello sólo fue posible sobre la base de una interrelación material de los sistemas industriales y productivos que transformaron materia y energía como base mundial de nuevos sistemas tecnológicos. Los problemas más serios del mundo tecnológico se derivan de esta base material extractiva y productiva: aún se basan en la extracción y explotación de recursos de la tierra y de los mares, de la combustión de energía fósil y de su transformación en materiales de distinta índole, así como en su conversión mediante combustión en energía eléctrica. Este mundo material de alta extracción es la base del mundo tecnológico de las redes de telecomunicaciones y digitalización de toda la información.

---

[6] Esta es la concepción habitual de la técnica que Heidegger denominó "antropológico-instrumental" en su célebre *La pregunta por la técnica* (1949).

Ahora bien, el artefacto concreto no es –por lo general– el núcleo en que se revela el problema de los fines y los valores que determinan las acciones del mundo tecnológico contemporáneo, sino precisamente el lugar en el que se ocultan. Ante los instrumentos y dispositivos del mundo tecnológico, los fines parecen claros y explícitos en la inmediatez de las acciones. Todo el problema se reduciría a elegir entre un uso adecuado y uno inadecuado de los artefactos. Tal parecería que la relación de fines y medios es transparente y que es sencillo evaluar las tecnologías y anticipar o prevenir los riesgos. Ésta ha sido la tesis de la concepción antropológico-instrumental –como la llamó Heidegger– que todavía predomina en nuestro sentido común. Dicha concepción supone que el sujeto siempre puede manejar a voluntad el instrumento y determinar su fin, y que la técnica no es más que un medio inerte y sin agencia propia para hacer algo, que está bajo nuestro dominio, que se deja de usar en cuanto se desee y que no tiene fines propios ni complejidad. Pero no es así. En gran medida, uno de los objetivos primordiales de una ética para el mundo tecnológico consiste en deconstruir esta representación instrumental de la tecnología y mostrar sus limitaciones. Los artefactos y dispositivos sólo existen, tienen función y agencia en una red de interacciones multiagenciales en el mundo tecnológico. Éste un "hiperobjeto" que no posee ya una dimensión abarcable y manipulable (tampoco comprensible del todo) como una cosa u objeto convencional y delimitado espacial y temporalmente[7] (Morton, 2013). Pero es lo más concreto, y en él se despliegan fines y causas que no son visibles, ni fácilmente predecibles, ni tampoco dependen ya de la intencionalidad y de la voluntad de los sujetos humanos. El sistema del mundo tecnológico no ha cobrado vida por sí mismo, a manera de un enorme Frankenstein, sino que ha alcanzado un nivel de complejidad y de sistematicidad casi orgánicos que funciona por su propia lógica e impulso compeliendo a los sujetos humanos a subordinarse al mundo tecnológico.

Como señalamos, ya se avizora como el siguiente paso necesario la interconexión y comunicación entre artefactos abióticos y agentes humanos mediante tecnologías informáticas (Schwab, 2016), que acelerará la sistematicidad y acción orgánica del mundo tecnológico. Por ello, la tecnología contemporánea es mucho más que un conjunto de instrumentos y objetos técnicos, es más bien un sistema global en expansión (como lo pensó Ellul); es una red de sistemas técnicos[8] que interactúan incrementando la complejidad de las interrelaciones y el

---

[7] De acuerdo con Timothy Morton (2013), los "hiperobjetos" se caracterizan por su viscosidad o elasticidad, su no localidad o dispersión espacial, su "ondulación temporal" o persistencia difusa, su discontinuidad en fases, y su interobjetividad o interacción con muchos otros objetos. Los hiperobjetos pueden ser fenómenos naturales, sociales o sistemas artefactuales.

[8] El concepto de "sistema técnico" ha sido acuñado por Miguel Ángel Quintanilla en *Tecnología: un enfoque filosófico*, Fundesco, Madrid, 1989. (2ª ed. en Fondo de Cultura Económica, México, 2017). Un sistema técnico comprende artefactos, materiales, energía, agentes humanos (operarios, diseñadores, usuarios, etc.), conocimientos especializados, técnicas, acciones y procesos operativos, valores, propósitos y fines determinados.

alcance global de sus efectos sobre la naturaleza y la sociedad, tanto en el espacio geográfico como en el tiempo físico e histórico. Sus efectos y consecuencias son acumulativos y entrópicos, algunos irreversibles, pero muchos de ellos prácticamente imprevisibles. Por ello, la complejidad epistémica para comprender, evaluar y calcular o medir las causas y efectos del mundo tecnológico ha aumentado más allá de nuestras capacidades cognitivas naturales. Mucha ayuda requerimos ahora de los sistemas y dispositivos informáticos que ya efectúan la minería de datos masivos (big data) que genera e impulsa a los sistemas tecnológicos. Pero ese mundo que hemos construido nosotros con nuestras acciones y decisiones no está ya al alcance, ni en términos cognitivos ni en términos prácticos. Una ética del mundo tecnológico debe comprender cómo actúa la tecnología en tanto emplazamiento hiperobjetual y como sistema-mundo, mediante un imperativo de acción que se manifiesta en los grandes sistemas tecnológicos, por ejemplo, en la red de telecomunicaciones y tecnologías de la información, o en las cadenas productivas industriales, su distribución y comercialización mundial y su desecho ambiental o su incorporación al cuerpo humano.

Ante esta dimensión sistémica (no instrumental) del mundo tecnológico, que no es evidente en los objetos técnicos inmediatos, la filosofía de nuestro tiempo se enfrenta al desafío de discernir cuál es el sentido y el fin último del mundo tecnológico; es decir, esclarecer la finalidad del despliegue de una voluntad de poder que conmina al ser humano a realizar y desarrollar todo lo técnicamente posible, traspasando los límites de la cultura, la sociedad y la naturaleza misma.[9]

6. Las propiedades del mundo tecnológico que impelen a poner límites éticos

Una concepción ontológica del mundo tecnológico debe delimitar cuáles son los rasgos esenciales y las propiedades emergentes de nuestro mundo actual, pues estos conceptos constituyen la base para un cuestionamiento ético más efectivo y que no se reduzca a un dilema personal o local, sino que comprenda las dimensiones planetarias de lo que está en juego.

---

[9] La racionalidad que domina en el mundo tecnológico supone que la realidad natural (incluida la humana) es modificable de acuerdo con los fines que nosotros nos propongamos, pues la naturaleza puede ser reconfigurada a nuestro antojo. El mundo tecnológico no tiene límites, tanto en el sentido de su expansión geográfica como en el de sus capacidades de acción, pues en él todo está en un flujo evolutivo, nada tiene consistencia y estructura fija, la naturaleza y el hombre mismo pueden ser reconfigurados y reconstruidos, todo es técnicamente posible. La *liquidez* de la ontología tecnológica es un principio de neutralización del valor de todas las entidades, naturales o artefactuales, equiparándolas como objetos-instrumentos-mercancías. Por eso, Anders comentaba que en el mundo tecnológico predominaba una nueva forma de "nihilismo" axiológico: todo vale igual o no vale si no puede ser transformado, usado y convertido en objeto técnico con valor en el mercado mundial.

1. *Artefactualidad y artificialidad.* El mundo tecnológico no es natural; la naturaleza ha quedado subsumida, ha sido transformada en el entorno tecnológico y convertida o subsumida en sistemas artefactuales y artificiales.[10]

2. *Racionalidad pragmática y económica.* En el mundo tecnológico todo objeto natural puede ser convertido en artefacto y todo artefacto en mercancía u objeto con valor de cambio, potenciando su valor de uso. Su finalidad última es la búsqueda de la máxima eficacia y eficiencia operativas en todos los órdenes de la praxis humana. Sin embargo, en el mundo tecnológico suelen entrar en conflicto los valores y fines técnicos con los económicos del mundo capitalista. Hemos de señalar que el mundo tecnológico actual está completamente subordinado al mundo del capitalismo globalizado.

3. *Emplazamiento artefactual de la naturaleza y de los seres vivos (bioartefactualidad).* El mundo tecnológico se funda en una disponibilidad universal de todo ente para ser reducido a objeto de transformación y manipulación tecnológica, para convertir toda la naturaleza, en sus partes y en sus sistemas, a los organismos vivos y a sus componentes bioquímicos y celulares, genéticos y genómicos, en un artefacto o producto tecnológico, patentable y comercializable, antes de ser usado efectivamente.

4. *Autocrecimiento progresivo y dimensión global de sus alcances,* tanto en el espacio como en el tiempo. Este autocrecimiento conlleva una forma relativa de autonomía con respecto a los sistemas sociales (económicos, políticos, éticos). El autocrecimiento es la base de la ideología del progreso tecnológico y del imperativo de innovación artefactual. Este imperativo de innovación no sólo surge de las necesidades sociales, sino de las necesidades de crecimiento de los capitales y de los mercados. Una consecuencia de esta expansión geográfica es la uniformidad de valores, formas de vida y criterios culturales. El mundo tecnológico es un mundo homogeneizado y normalizado.

---

[10] Conviene distinguir entre artefactualidad y artificialidad. La primera expresa la transformación de cualquier objeto, materia o proceso en un artefacto u objeto técnico, transformación que implica, al menos, la modificación de alguna de sus causas y la introducción de una finalidad o función asignada por los humanos. En cambio, la artificialidad implica la construcción de artefactos que simulan, imitan, replican o sustituyen objetos, procesos y sistemas naturales, pero que están hechos de materiales no bióticos, tales como corazones artificiales, piernas o brazos artificiales, perlas artificiales, textiles artificiales, dientes artificiales, inteligencia artificial, respirador artificial, sabores artificiales, etc. Lo artificial también se denomina sintético y normalmente las prótesis son artefactos artificiales. El siguiente paso que postula la biología sintética es la construcción de bioartefactos artificiales, hechos con materiales, componentes y estructuras bioquímicas (genéticas, celulares y moleculares) *no naturales* o sin precedentes en la naturaleza, pero que repliquen o imiten la forma en que funcionan, se desarrollan y se reproducen los organismos vivos.

5. *Interconexión compleja, orgánica y sistémica.* El mundo tecnológico es un sistema de creciente complejidad por efecto de la interconexión intencional o accidental entre los diversos y distintos subsistemas tecnológicos. La interconexión ha avanzado en dos dimensiones. Primeramente, interconectando mediante dispositivos informáticos a los artefactos abióticos entre sí; luego a éstos con los agentes humanos. Un tercer nivel será la interconexión informática entre artefactos, humanos y bioartefactos informatizados. En una primera dimensión es información física, mediante soportes electrónicos, lo que se comunica y procesa. La segunda dimensión es el intercambio de información genética y biológica entre organismos vivos (incluyendo, desde luego, a los humanos). La tercera dimensión de interconexión podría ser la combinación de información física y biológica en unos niveles moleculares o atómicos, a nivel bio-nanotecnológico. Las interconexiones construyen nuevos sistemas tecnológicos de mayor alcance y penetración, tanto en las estructuras materiales de objetos u organismos como en las redes mundiales de interacción de los sistemas.

6. *Riesgo generalizado pero difuso y peligro de colapsamientos sistémicos.* Vivimos ahora en una "sociedad del riesgo" como la caracterizó Ulrich Beck (1998), porque el poder tecnológico puede provocar daños irreversibles a la naturaleza, a los organismos vivos y a la vida humana. Los sistemas pueden colapsar y, sin embargo, seguir siendo funcionales, mientras no se agoten las fuentes de energía o de materia, así sucede ya con ecosistemas o con sistemas urbanos. Los riesgos aumentan, y se complican con los efectos del cambio climático global y la pérdida de biodiversidad, pero su percepción social se vuelve difusa y ello se deriva de los caracteres que he mencionado previamente –centralización y dependencia creciente, autocrecimiento, interdependencia sistémica. La posibilidad de que sucedan accidentes catastróficos en los sistemas tecnológicos es cada vez mayor, debido a la interdependencia, la dimensión global, la centralización y el encadenamiento progresivo. Chernobyl fue sólo un ejemplo del riesgo tecnológico mayor en el mundo contemporáneo. Si las catástrofes tecnológicas son posibles (aunque parezcan poco probables), ello nos obliga racionalmente a anticipar y prever lo peor. El riesgo se ha incrementado, además, en la medida en que las decisiones tecno-políticas se concentran en unas cuantas personas,[11] pues los sistemas tecnológicos están centralizados y dependen de sistemas artefactuales de monitoreo y todavía de agentes humanos que deben tomar decisiones cruciales.

---

[11] Los grandes riesgos inminentes en las tecnologías fósiles, nucleares, químicas, informáticas, genéticas y bioquímicas, neurológicas o nanotecnológicas tienen ahora un potencial alcance global que se extendería en el tiempo, por lo cual no son compensables en términos económicos. No habría prima de seguro que cubra la destrucción que provocarían esas tecnologías, si llegaran a fallar (Beck, 1998).

7. *Autonomía relativa de los sistemas tecnológicos*. El mundo tecnológico parece progresar y crecer de modo *autónomo*. Por ello, el desafío para la ética
y la política de nuestro tiempo consiste en establecer bases para el control
y la evaluación social de las tecnologías, mediante una nueva cultura de
valores éticos y de acciones co-responsables entre científicos, tecnólogos y
el resto de la sociedad. La tecnología y la tecnociencia no pueden dotarse
a sí mismas de *fines y criterios éticos*. Es la sociedad entera la que debe
evaluarlas, conducirlas y orientarlas conforme a principios y reglas fun-
dados en los intereses vitales de la humanidad, y mediante procesos de
deliberación y decisión más abiertos que involucren a todos los usuarios
y posibles afectados.

La autonomía de los sistemas tecnológicos no sólo es ética y política, constituye por sí misma un desafío epistémico. En la medida en que crece el poder de
intervención y acción en el mundo tecnológico, los efectos y las consecuencias
(tanto las planeadas como las imprevistas) se han extendido geográficamente a
todo el planeta y temporalmente hacia el futuro remoto.

Un nuevo poder social, surgido de la conciencia ética de los rasgos que caracterizan al mundo tecnológico, es necesario y posible para enfrentar las consecuencias negativas del poder tecnológico, sin tener que renunciar a sus innegables
logros y sin restringir la libertad de investigación tecnocientífica.

7. Los principios de la ética para el mundo tecnológico

A partir de una concepción ontológica del mundo tecnológico podemos formular una serie de principios básicos para una ética que enfrente sus consecuencias, desafíos sin precedentes y riesgos difíciles de predecir. Pero ello implica la
necesidad de cuestionar y sobrepasar ciertos límites de la tradición ética occidental. De acuerdo con Hans Jonas (1995), las éticas habidas hasta ahora se funda-
ban en dos premisas que impiden afrontar cabalmente las nuevas condiciones de
la acción tecnológica globalizada: a) la condición humana es fija e inmutable, b)
el alcance de la acción humana y, por consecuencia, de la responsabilidad tiene
corto alcance en el espacio y en el tiempo. Desde mi punto de vista, *antropocentrismo, etnocentrismo y limitado alcance espaciotemporal*[12] son los tres rasgos que
han agravado el "desfase prometeico" (Anders, 2011) que se da entre un poder

---

[12] También podemos agregar *androcentrismo,* pues se ha vuelto más evidente en nuestra época que
en muchos de los debates y controversias tecnológicas hay un problema de equidad de género.
Actualmente, tanto el desarrollo de las tecnociencias como las decisiones cruciales sobre la innovación y regulación tecnológicas permanecen en manos de varones. La poca prudencia y la so-
brevaloración de riesgo-oportunidad para el desarrollo tecnocientífico suelen identificarse como
valores más masculinos que femeninos. ¿Qué pasaría con una tecnociencia más feminizada, más
empática con la naturaleza y los organismos vivos, más prudente y equilibrada, con menos afanes
de dominio y de crecimiento exponencial de la producción y extracción de recursos naturales?

tecnológico que se expande de modo ilimitado y nuestras concepciones e instituciones éticas y políticas, que están desarticuladas y que no responden a las nuevas
condiciones históricas. En particular podemos señalar:

- El *antropocentrismo*. Nuestra tradición ética no ha incorporado como objetos de consideración moral a los otros seres vivos, así como al entorno
natural en su conjunto como "pacientes morales" que reciben los efectos
de la acción humana. En la más pura tradición kantiana, sólo lo humano
sigue siendo fuente de deber moral para la mayoría. Al mismo tiempo,
seguimos pensando que la "naturaleza" humana es fija e invulnerable, que
el ser humano no puede ser objeto de radical transformación tecnológica.
No obstante, uno de los fines tecnológicos más desafiantes es la superación de la condición humana, el *transhumanismo* tecnológico.

- El *etnocentrismo*. La tradición ética occidental ha priorizado en su consideración moral sólo a un grupo cultural que se supone homogéneo (el
mundo occidental, cristiano, "blanco", que emplea la razón tecnológica
y que cree ciegamente en las bondades del mercado capitalista mundial
y en las democracias representativas, ahora telegobernadas por élites tec-
nocráticas). De este modo, el proyecto ilustrado de la razón tecnológica
ha implicado también el proyecto de dominio de una cultura sobre las
demás pretendiendo imponer "sus" valores universales. El resultado ha
sido un dominio violento y, en ocasiones, genocida y ecocida. El etnocentrismo tecnológico –que ha sido fundamentalmente eurocentrismo y
occidentalismo, revestidos de tecnoidolatría y fe ciega en el progreso tecnológico– ha impedido alcanzar una visión verdaderamente universal de
los principios éticos elementales que serán necesarios para enfrentar los
nuevos desafíos globales. Los prejuicios etnocéntricos han sido análogos y
conjuntos a los prejuicios de "especie" (que justificaban el dominio antro-
pocéntrico sobre otros animales): racismo, esclavismo, antisemitismo, etc.
La ética para el mundo tecnológico debe afirmarse en un paradigma que
reconozca la comunidad (biocultural, genética) y, a la vez, la diversidad
(histórica y cultural) de la condición humana. Debe rescatar y proteger
saberes tradicionales y evitar la biopiratería de los bienes técnicos y bio-
culturales de muchas comunidades; debe evitar la destrucción ambiental
y la extracción excesiva de recursos naturales o expoliación de territorios
en donde habitan las comunidades ancestrales o que anteceden a la modernidad tecnológica.[13]

---

[13] Se han dado muchos problemas y debates sobre los proyectos tecnológicos que, avalados por los
gobiernos, expropian o permiten la explotación de recursos naturales en sitios en donde habitan
comunidades tradicionales. Así sucedió en México con el caso de Wirikuta, sitio sagrado de los
indios huicholes (en Nayarit, noroeste de México), que fue concesionado a empresas extranjeras
para la extracción masiva de minerales. Véase: https://es.wikipedia.org/wiki/Wirikuta

- La *limitada visión de los alcances espaciotemporales* de las acciones humanas. La tradición ética occidental ha funcionado como una ética de la
  proximidad, tanto espacial como temporal. Hans Jonas (1995) señala que
  esta concepción puede continuar aplicándose al ámbito de las relaciones
  interpersonales, pero no al mundo tecnológico en el que las acciones humanas se integran en un complejo sistema y, por ende, tienen alcances
  remotos, afectando a las generaciones futuras de seres humanos y a la
  totalidad de la biosfera. Por primera vez en la historia, los humanos del
  futuro deben contar con sus intereses de supervivencia, tanto como los del
  presente. Al mismo, tiempo "una ética cara al futuro" implica construir
  una ética que haga valer la herencia que nos legaron los antepasados y que
  repare los daños a aquellos que ya han sido víctimas del mundo tecnológico. Dichas víctimas no han sido solo humanas, miles de especies se han
  extinguido o están seriamente amenazadas por el desarrollo implacable
  del poder tecnológico.

Basándonos en las tesis de los anunciadores del peligro mayor, la ética para
el mundo tecnológico puede argumentar que existen ya signos en la situación
actual que implicarían la posibilidad de distintos escenarios catastróficos. Si existe la posibilidad de ese peligro mayor, entonces los nuevos imperativos morales
enunciarán los principios básicos para asegurar la continuidad de la existencia de
una humanidad capaz de responsabilidad, una humanidad que preserve su esencial condición ética. Pero ello solo es posible si lo que queda del mundo natural
es protegido y conservado. El mundo tecnológico no puede acabar de engullir a
todos los ecosistemas ni continuar agotando los recursos naturales ni acelerando
la extinción de especies y la pérdida de biodiversidad. Agua, tierra, cielo, organismos vivos son los nuevos objetos de protección de la responsabilidad colectiva,
una responsabilidad precautoria y que sea capaz de actuar con justicia entre los
humanos, así como entre los humanos y el resto de los seres vivos.

En particular, una tarea de la ética para el mundo tecnológico se concentra en
la crítica del antropocentrismo ontológico y moral de la tradición occidental: los
límites de la comunidad moral no son idénticos a los límites de la especie humana. Todos los seres vivos individuales y los colectivos conformados por ellos merecen consideración moral porque poseen un valor intrínseco (no instrumental,
no técnico), y están al cuidado de nuestra responsabilidad precisamente porque
nuestras acciones tecnológicas pueden poner en peligro su existencia. La crítica
del antropocentrismo tecnológico no implica negar la singularidad e irreducti-
bilidad ética de nuestra especie: sólo los seres humanos somos agentes morales,
capaces de obligación y de responsabilidad ética. Por el contrario, subraya nuestra singularidad ontológica: mientras la razón tecnológica de fuerza mayor no
oblitere nuestra razón ética y nuestra capacidad de conciencia y empatía con todo
lo vivo, estamos obligados a respondes y reaccionar para salvar lo que queda del
mundo natural.

Sin embargo, nuestra tradición ética requiere una transformación radical que debe ir en el sentido de extender el campo de consideración moral más allá de los seres humanos, pero sin apostar por un biocentrismo superficial e igualitarista que propugne un valor idéntico para toda forma de vida. Se trataría, más bien, de buscar una posición intermedia y quizá provisional (un antropocentrismo moderado y un biocentrismo jerarquizado), pues debe ser revisada constantemente por un diálogo global e intercultural. Entre las decisiones más complicadas están el cómo intervenir o actuar para proteger a otros seres vivos y a ecosistemas enteros, porque toda intervención técnica tendrá efectos. Además, para los organismos vivos que han sido transformados en bioartefactos se imponen obligaciones distintas que para los organismos vivos (especialmente, plantas y animales) que no han sido transformados, ni dominados ni incorporados al mundo tecnológico, pues deben ser preservados en reservas naturales. Estos son principios básicos de justicia ambiental entre seres vivos que debe poner en práctica la ética para el mundo tecnológico. Como una ética de autocontención del poder tecnológico (Riechmann, 2004), el enorme desafío en el mundo tecnológico será limitar los excesos de ese poder y desactivar el ritmo de producción, extracción, explotación y destrucción de la naturaleza. Mucho más problemáticas serán las necesarias acciones de remediación y recuperación ecológica de los ecosistemas. En dichas acciones es necesaria una intervención técnica que debe ser prudencial y con objetivos muy acotados.[14]

Los principios de una ética para el mundo tecnológico deben estar en correlación y en confrontación constante, pero a condición de que no se eliminen unos a otros, manteniendo un nivel mínimo en la acción individual y colectiva. Estos principios tendrán como finalidad revitalizar un conjunto de valores universalizables para reforzar los vínculos éticos de la humanidad con su mundo, tanto natural como artefactual. La racionalidad tecnológica puede ser contenida y reorientada tomando sus propios criterios de eficacia operativa, así como sus recursos y dispositivos informáticos y cognitivos, productivos y reconstructivos del mundo natural y social.

Mi hipótesis consiste en que es posible alcanzar la formulación de principios globales y transculturales que fundamenten criterios de acción tecnocientífica válidos para toda la humanidad, reconociendo y respetando la pluralidad histórico-cultural de concepciones y prácticas morales existentes, así como saberes tradicionales y valores locales. Y ello es posible si se aprovechan las características globales, sistemáticas y de alcances extendidos de las acciones e interconexiones del mundo tecnológico. Los rasgos negativos que los críticos del mundo tecnológico señalaron podrían ser revertidos, pues contienen la potencialidad para

---

[14] Por ejemplo, tendría sentido revivir mediante biotecnología especies recientemente extintas si sus funciones ecosistémicas son esenciales, pero no intentar revivir especies que se extinguieron hace millones de años o virus y bacterias que han sido erradicados por su efecto peligroso y letal para la salud humana.

soportar un conjunto de valores universales y diferenciables que posean eficacia práctica, siempre y cuando sea posible establecer acuerdos sociales e internacionales para la evaluación y regulación efectiva de los sistemas tecnológicos.

8. Conclusión

Para concluir esta síntesis, comentaré los principios de una ética para el mundo tecnológico.

a. *Principio de responsabilidad* que determina qué es lo que estamos obligados a cuidar y preservar: la integridad y dignidad de la vida humana en primer término; es decir, el objeto primordial de la responsabilidad es una vida humana que conserve sus caracteres de conciencia ética y de acción libre, de finitud (natalidad-mortalidad), vulnerabilidad, unidad y comunidad biológico-genética. La primera obligación moral es, pues, asegurar la existencia de seres morales con capacidad de responsabilidad. Por ello, es problemático el análisis y evaluación de antropotecnologías eugenésicas o transhumanistas.

La responsabilidad implica el desarrollo del conocimiento científico para prevenir y anticipar los efectos negativos de la intervención tecnológica, así como la difusión más extensa posible de lo que se sabe sobre los riesgos y daños, para que la sociedad tome decisiones mediante procedimientos democráticos que involucren a los directamente afectados. El principio de responsabilidad implica un cuestionamiento profundo de nuestras instituciones y prácticas democráticas, así como del individualismo y fragmentación de la vida social. Si el peligro que acecha es común (la crisis ecológica global), la respuesta ética debe ser coordinada y los riesgos deben ser repartidos equitativamente. Si el mundo tecnológico es sistémico y global, la respuesta ético-política debe ser también sistémica y globalizada.

b. *Principio de precaución* que indica que, ante la posibilidad de un peligro que se funda en previsiones razonables, aunque no existan pruebas científicas contundentes, y si el posible daño es incalculable o superior al beneficio esperado, es preciso revisar la acción tecnológica planeada, detenerla, modificarla o inhibirla. El principio de precaución no rechaza todo riesgo y todo tipo de daño que sea efecto de una acción tecnológica, ante todo, porque muchos de los efectos son imprevisibles; sino que indica que el daño o mal esperado, con razones fundadas, no puede ser incalculable u ostensiblemente mayor al beneficio proyectado. Los daños y riesgos deben mantenerse en un nivel racionalmente aceptable, siempre y cuando no impliquen una distribución injusta entre la sociedad.

c. *Principio de protección de la autonomía individual y comunitaria.* Las acciones tecnológicas deben proteger, favorecer y potenciar la autonomía individual para que cada sujeto decida de modo responsable sobre su cuerpo y su propia vida, sin afectar ni coartar la autonomía y la libertad de otros. La autonomía individual puede colisionar contra el principio de responsabilidad. Las posibilidades biotecnológicas de transformación de la corporalidad serían un caso ejemplar. La modificación biotecnológica del cuerpo sería un derecho individual, pero al mismo tiempo, podría poner en riesgo algún rasgo de la condición humana; por ello, esta intervención tecnológica sobre el cuerpo y la mente humanos debe ser muy prudente, y avanzar primeramente en acciones eugenesia negativa para curar enfermedades y discapacidades e igualar las oportunidades de desarrollo. Asimismo, el principio de autonomía comunitaria implica reconocer el derecho de distintas comunidades a utilizar otros medios o a rechazar, con razones fundadas, sistemas e innovaciones tecnológicas que afecten sus territorios, recursos naturales o culturas materiales. La pérdida de diversidad bio-cultural (como los métodos de siembra y cultivo o técnicas terapéuticas y medicinales que utilizan recursos naturales) es también una grave disminución de patrimonio natural y biológico.

d. *Principio de justicia distributiva* de los beneficios tecnológicos, pero también de los riesgos. No sólo significa que cada vez más personas se beneficien del desarrollo tecnológico y que disminuya la brecha en los niveles de vida entre los países ricos y los países pobres, sino también que los riesgos sean razonables y compartidos social e internacionalmente. Los problemas ecológicos afectan a todo el mundo, pero los riesgos y los daños se incrementan para los más vulnerables en la escala socioeconómica.

Los principios éticos señalados son solamente las bases axiológicas para asegurar la continuidad de una humanidad capaz de responsabilizarse por los efectos de su poder tecnocientífico, una humanidad que preserve su esencial condición ética, que sea capaz de responsabilizarse por el entorno natural del que depende para sobrevivir, así como por la herencia biocultural y tecnocientífica que legará a las futuras generaciones.

Referencias bibliográficas

Anders, Günther (2011). *La obsolescencia del hombre*, vol I. Valencia: Pre-textos.

Aristóteles (2001). *Física*. México: UNAM.

Beck, Ulrich (1998). *La sociedad del riesgo*. Barcelona: Paidós.

Ellul, Jacques (1954). *La Technique ou l'enjeu du siècle*. París: Armand Colin.

Floridi, Luciano (2014). *The 4th Revolution: How the Infosphere is Reshaping Human Reality*. Oxford: Oxford University Press.

Heidegger, Martin (1995). *La pregunta por la técnica. En Conferencias y artículos*. Barcelona: Ediciones del Serbal.

Jonas, Hans (1995). *El principio de responsabilidad*. Barcelona: Herder.

Lee, Keekok (1999). *The Natural and the Artefactual. The Implications of Deep Science and Deep Technology for Environmental Philosophy*. Maryland: Lexington Books.

Linares, Jorge E. (2008). *Ética y mundo tecnológico*. México: FCE/UNAM.

Linares, Jorge E. y Arriaga, Eelena (eds.) (2016). *Aproximaciones interdisciplinarias a la bioartefactualidad*. México: UNAM.

Mckibben, Bill (2003). *The End of Nature. Humanity, Climate Change and Natural World*. London: Bloomsbury.

Morton, Timothy (2013). *Hyperobjects: Philosophy and Ecology after the End of the World*. Minneapolis: University of Minnesota Press.

Negrotti, Massimo (2012). *The Reality of the Artificial. Nature, Technology and Naturoids*. Berlin: Springer.

Nicol, Eduardo (1972). *El porvenir de la filosofía*. México: Fondo de Cultura Económica.

Ortega y Gasset, José (2015). *Meditación de la Técnica*. Madrid: Biblioteca nueva.

Purdy, Jedediah (2015). *After Nature: A Politics for the Anthropocene*. Cambridge, MA: Harvard University Press.

Riechmann, Jorge (2004). *Gente que no quiere viajar a Marte. Ensayos sobre ecología, ética y autolimitación*. Madrid: Libros de la Catarata.

Schwab, Klaus (2016). *The Fourth Industrial Revolution*. Geneva: World Economic Forum.

Van Mensvoort, Koert (ed.) (2011). Next Nature. Amsterdam-Barcelona: Actar.

ArtefaCToS. Revista de estudios de la ciencia y la tecnología
eISSN: 1989-3612
Vol. 7, No. 1 (2018), 2ª Época, 121-142
DOI: http://dx.doi.org/10.14201/art201871121142

Conocimiento y Educación Superior desde la perspectiva de género: sociología, políticas públicas y epistemología

Knowledge and Higher Education from a Gender Perspective: Sociology, Public Policies and Epistemology

Eulalia PÉREZ SEDEÑO
Consejo Superior de Investigaciones Científicas
Instituto de Filosofía-Centro de Ciencias Humanas y Sociales
eulalia.psedeno@cchs.csic.es

Recibido: 17/01/2018. Revisado: 19/01/2018. Aceptado: 24/01/2018

Resumen

En los últimos treinta años se han producido grandes cambios en la Educación Superior y la investigación españolas. Se ha debido a diversas causas, pero, fundamentalmente al aumento de universidades públicas y privadas y a las nuevas políticas públicas que fomentan la investigación y la igualdad, promovidas desde los estudios de género y las organizaciones feministas.

En este trabajo hacemos un somero repaso a estas cuestiones, examinando cómo ha variado la situación de las mujeres en el sistema de Educación Superior y en los Organismos Públicos de Investigación. También se examinan las políticas públicas que pretenden impulsar la igualdad entre mujeres y hombres a través de ciertas leyes. Y se concluye con una reflexión sobre los cambios que todo ello ha supuesto en los contenidos de conocimiento y en la propia noción de ciencia.

Palabras clave: género; carrera investigadora; infrarrepresentación; filosofía feminista de la ciencia.

Abstract

In the last thirty years there have been major changes in Spanish higher education and research. It has been due to various causes, but mainly due to the increase of public and private universities and new public policies that stimulate research and equality, all promoted by gender studies and feminist organizations.

In this paper we briefly review these issues, examining how the situation of women in the Higher Education system and in Public Research Organizations has changed. It also examines public policies that seek to enhance equality between women and men through certain laws. And it concludes with a reflection on the changes that all this has brought about in the contents of knowledge and in the very notion of science itself.

Keywords: *Gender; Research Career; Under-Representation; Feminist Philosophy of Science.*

1. Introducción

Hasta el último tercio del siglo XX, la situación de las mujeres en los sistemas de Ciencia y Tecnología y de Educación Superior (CyT y ES) fue escasa en todo occidente, a pesar de que el acceso a las universidades se produce en estos países, por lo general, de forma generalizada en la segunda mitad del siglo XIX. Estados Unidos fue el país pionero en el acceso de las mujeres a la educación superior. La primera universidad que admitió mujeres (no de forma extraordinaria) fue la de Oberlin, fundada en 1833 con otra denominación y ese año se matricularon 15 mujeres. En 1837, ya como Oberlin College, se matricularon 4 mujeres para obtener el grado, de las cuales tres lo obtendrían.

En Iberoamérica, el acceso de las mujeres a los estudios universitarios se produjo a partir de la década de 1860. En España, la primera mujer que se matricula en la Universidad española es María Elena Maseras Ribera, en la Facultad de Medicina de la Universidad de Barcelona y en el curso 1872-73. La siguen María Dolores Aleu Riera y Martina Castells Ballespí que se doctoran en medicina en 1882, el mismo año en el que se dicta un decreto mediante el cual se limitaba el acceso de las 'señoras' a la Enseñanza Superior, excepto con permiso de la 'autoridad competente'. Hasta el 8 de marzo de 1910 no se eliminó esa restricción en España. Poco después, en 1914, María Sordé Xipell se licencia en Ciencias y en 1917 Catalina de Sena Vives Pieras se convierte en la primera española en conseguir el doctorado en Ciencias[1].

---

[1] Hay algunas excepciones previas en las aulas universitarias de Salamanca y Alcalá de Henares, en los siglos XV-XVI (Pérez Sedeño y Canales, 2012).

En Brasil, México, Chile, Cuba y Argentina también las mujeres acceden a la educación superior a finales del siglo XIX. Según *La Gaceta de México* en 1877 obtuvo su título de médica Zenaida Ucounkoff; una década después obtendría su título en medicina Matilde Montoya. También en 1877 Chile permite el acceso a la universidad y, en la siguiente década, Ernestina Pérez y Eloísa Díaz se matriculan en la Facultad de Medicina. Eloísa Díaz se licencia en Medicina y Farmacia en 1886 y obtiene en 1887 el título de Doctora en Medicina y Cirugía. Ese mismo año, lograba el título universitario en medicina la brasileña Rita López y, en 1888, la cubana Laura Martínez Carbajal y del Camino López obtiene la licenciatura en Ciencias Físico-Matemáticas. La primera argentina en obtener un título superior en la Facultad de Ciencias Médicas de la Universidad de Buenos Aires, en 1889, fue Cecilia Grierson (Pérez Sedeño y Canales, 2012). Ese mismo año obtiene el título de ingeniería topográfica la salvadoreña Antonia Navarro Huezo (Uribe Valencia, 2017).

2. Algunos datos

El último tercio del siglo XX, sin embargo, supuso un gran cambio en la Educación superior y en la investigación en España. Entre los hechos que contribuyeron a este cambio tenemos la creación de nuevas universidades, la promulgación de la denominada "Ley de la Ciencia" en 1986, la incorporación masiva de las mujeres a los estudios universitarios, y la introducción de los estudios de género.

En la exposición de motivos que habían llevado a la formulación de la denominada *Ley de la Ciencia* de 1986 se hacía hincapié en que era necesario corregir los defectos de nuestros sistemas universitarios y de I+D+i: recursos económicos y humanos insuficientes, desordenada coordinación y gestión de programas, etc. a la vez que se pretendía impulsar institucional y socialmente la investigación en España. De ese modo se intentaba garantizar "una política científica integral, coherente y rigurosa en sus distintos niveles de planificación, programación, ejecución y seguimiento" para conseguir aumentar los recursos necesarios para la investigación de modo que fueran rentables económica, social y culturalmente.

En su momento, la *Ley de la ciencia* identificó una serie de problemas e indicadores. Por ejemplo, estaba claro que la promoción de la investigación científico-tecnológica en los años subsiguientes exigía un aumento del número de investigadores, así como el aprovechamiento de la experiencia de los ya existentes. Sin embargo, a pesar de volcarse en las personas componentes de la comunidad científica no se estaba teniendo en cuenta a las mujeres, no sólo entonces, sino como futuras integrantes de la comunidad científica. Pues los datos de 1986 mostraban de manera clara la pérdida que se producía a partir del doctorado. Si de los estudiantes universitarios que se licenciaban, algo más de la mitad eran mujeres, en el doctorado y en la lectura de tesis de cada diez apenas cuatro lo eran; en el profesorado, las mujeres quedaban reducidas a la cuarta parte y, como colofón, en el estamento de más prestigio y poder, que es el de cátedras de universidad, la proporción era de sólo una mujer por cada nueve hombres (en realidad, 0,7 mujeres). La pérdida de mujeres a lo largo de la carrera académica e investigadora se manifiesta perfectamente en la siguiente gráfica popularmente denominada de 'tijera':

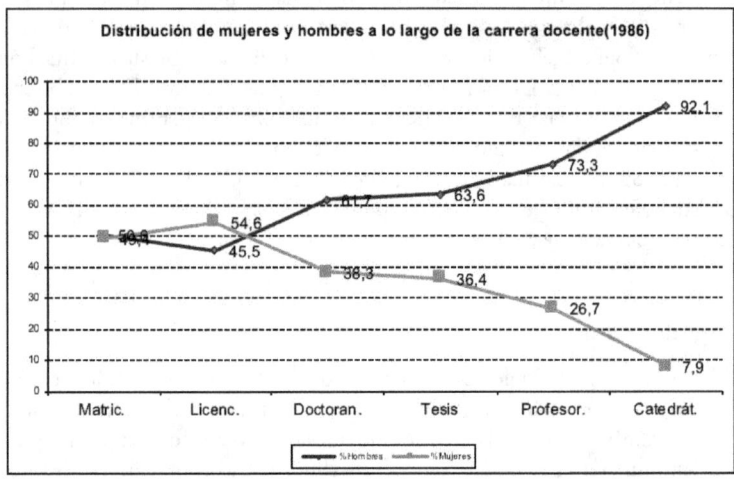

Gráfico 1. Fuente: Pérez Sedeño y Alcalá Cortijo, 2006.

A primeros de los años noventa comienzan a surgir los primeros estudios cuantitativos sobre la situación de las mujeres en la academia española. Dichos estudios ponen de manifiesto la tradicional discriminación jerárquica y territorial. Es decir, las mujeres se quedan en los niveles más bajos del escalafón y en las áreas que tradicionalmente se han considerado 'adecuadas' para ellas (humanidades y áreas biomédicas éstas últimas relacionadas con la esfera del cuidado, tradicionalmente 'femeninas', pero ahora con estatuto universitario). En el curso 1982-83 el porcentaje de mujeres que cursaba carreras de Humanidades era del 64% y en Ciencias de la Salud ya alcanzaban el 50 %.

La voz de alarma surge, sobre todo, por la enorme pérdida de mujeres a lo largo de la carrera docente e investigadora, que ya se había detectado en los años ochenta, pero que apenas había suscitado comentarios, excepto entre unas cuantas estudiosas de esta cuestión. Seguramente eso se debía a que nuestro país ha carecido de sensibilidad hacia los problemas de las mujeres, ha habido una enorme ceguera acerca de las consecuencias en todos los terrenos y niveles del desaprovechamiento de recursos humanos y porque ingenuamente se había pensado que el tiempo corregiría esa anomalía. Sin embargo, aunque lentamente, se había iniciado el camino hacia la igualdad.

Hoy en día, la presencia de mujeres en las instituciones de conocimiento varía según los países y, dentro de éstos, según las áreas y estatuto profesional, pero suele seguir pautas similares. En España, según los últimos datos ofrecidos por el Ministerio de Educación, Cultura y Deporte en el año 2015-2016, el número de mujeres matriculadas en grado eran 705.262, frente a 581.606 varones, es decir, el 54,8 % de todas las matrículas en grado. Ese mismo año, en máster las mujeres eran 89.593 (53,6 %) y los varones 77.315. Por lo que se refiere al doctorado, en ese mismo año estaban matriculados 24.865 varones y 26.631 mujeres (es decir éstas constituían el 51,7% de la matrícula).

Los datos más recientes que tenemos con respecto a egresados, procedentes del mismo Ministerio de Educación, nos dicen que en el año 2014/2015 superaron el grado 102.631 mujeres y 65.995 varones (esto es, un 60,8% de mujeres). En ese mismo año superaron el máster 42.308 mujeres y 32.789 varones (56,3% mujeres). Incluso en la conclusión del doctorado, paso imprescindible para proseguir una carrera investigadora o en educación superior, y momento en el que en años anteriores se iniciaba el dramático descenso del número de mujeres, hoy en día se ha equilibrado: en ese año, 5667 mujeres defendieron con éxito su tesis doctoral y 5649 varones, es decir, las mujeres que concluyeron con éxito su doctorado constituyeron el 50,07%[2].

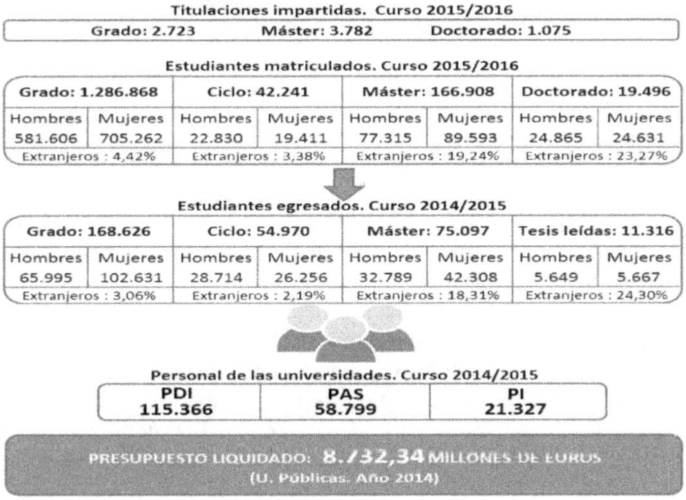

Titulaciones impartidas. Curso 2015/2016		
Grado: 2.723	Máster: 3.782	Doctorado: 1.075

Estudiantes matriculados. Curso 2015/2016							
Grado: 1.286.868		Ciclo: 42.241		Máster: 166.908		Doctorado: 19.496	
Hombres	Mujeres	Hombres	Mujeres	Hombres	Mujeres	Hombres	Mujeres
581.606	705.262	22.830	19.411	77.315	89.593	24.865	24.631
Extranjeros : 4,42%		Extranjeros : 3,38%		Extranjeros : 19,24%		Extranjeros : 23,27%	

Estudiantes egresados. Curso 2014/2015							
Grado: 168.626		Ciclo: 54.970		Máster: 75.097		Tesis leídas: 11.316	
Hombres	Mujeres	Hombres	Mujeres	Hombres	Mujeres	Hombres	Mujeres
65.995	102.631	28.714	26.256	32.789	42.308	5.649	5.667
Extranjeros : 3,06%		Extranjeros : 2,19%		Extranjeros : 18,31%		Extranjeros : 24,30%	

Personal de las universidades. Curso 2014/2015		
PDI	PAS	PI
115.366	58.799	21.327

PRESUPUESTO LIQUIDADO: 8.732,34 MILLONES DE EUROS
(U. Públicas. Año 2014)

Gráfico 2. Estudiantes matriculados en el curso 2015-2016. Fuente: Web del MECD.

_____

[2] Tomado de: http://www.mecd.gob.es/servicios-al-ciudadano-mecd/estadisticas/educacion/universitaria.html. Último acceso, 13 de marzo de 2017.

Como vemos en el gráfico siguiente, extraído del informe *Científicas en cifras 2015*, elaborado por la Unidad Mujeres y Ciencia del Ministerio de Economía, Competitividad e Innovación (MINECO), las preferencias de las mujeres están muy repartidas. Como vemos en el año 2014/2015 que es el último para el que se presentan datos en este informe, las mujeres se reparten mayoritariamente por el área de ciencias sociales y jurídicas (el 60%), artes y humanidades (61%), ciencias de la salud (72%), y ciencias (51%)[3]. Así pues, las mujeres son mayoría en todas las carreras, excepto en las ingenierías y arquitectura, donde sólo constituyen el 36% de todo el alumnado[4].

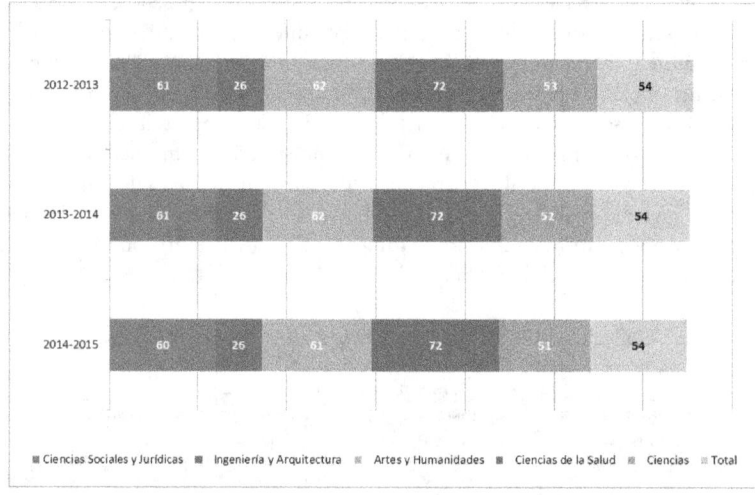

Gráfico 3. Evolución del porcentaje de alumnas matriculadas en Estudios de Grado y Primer y Segundo Ciclo de universidades públicas, según rama de enseñanza. Cursos 2012-13 a 2014-15. (Mujeres sobre el total de cada rama de enseñanza). Fuente: *Científicas en cifras* 2015[5].

Esta proporción se mantiene igualmente en las tesis doctorales leídas, pues en casi todas las áreas el porcentaje de mujeres que se doctoranda está en torno al 50%, excepto en las ingenierías y arquitectura, donde sólo alcanzan el 37%. La disparidad entre la matrícula en ingeniería y arquitectura y los doctorados en esta misma área, puede deberse entre otros factores al hecho de que la mayoría de los

---

[3] Este porcentaje está algo distorsionado, pues bajo la rúbrica "ciencias" se incluye la carrera de física, que tan sólo cuenta con un 30% de mujeres.

[4] Hay que tener en cuenta que esta área agrupa carreras feminizadas, como arquitectura, y otras muy masculinizadas como Ingeniería Naval o Ingeniería Informática.

[5] Debo dar las gracias a la UMYC, en especial a su directora, Ana Puy y a Cecilia Cabello de la FECYT por haberme proporcionado los gráficos en esta resolución.

varones que optan por estas carreras suelen emplearse en el ámbito privado y no se quedan en la Universidad, donde es necesario tener el doctorado para proseguir la carrera académica, pero los ingresos son menores.

Si pasamos a la distribución de mujeres y hombres en la carrera investigadora, encontramos que se sigue manteniendo la tijera de hace años (Pérez Sedeño y Alcalá Cortijo, 2006), aunque algo más cerrada. A pesar de que las mujeres, como hemos visto, son mayoría como alumnado matriculado, egresado, en másteres y se igualan en el doctorado. A partir de ahí, comienzan a descender, aunque poco, en los puestos más bajos del escalafón, pero de manera espectacular en la cima de la carrera investigadora, en el caso de las universidades.

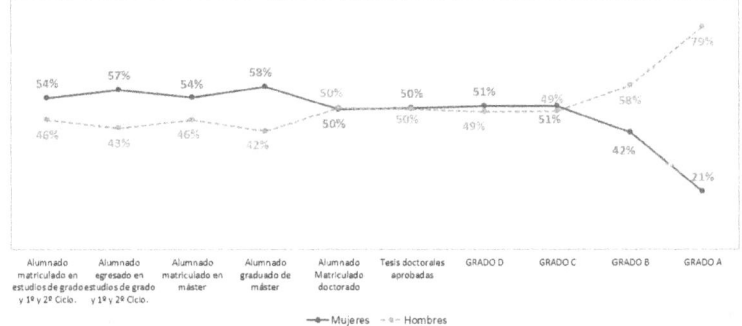

Gráfico 4. Distribución de mujeres y hombres en la carrera investigadora. Universidades públicas. Curso 2014-15. Fuente: *Científicas en cifras* 2015.

En los organismos públicos de investigación (OPIs)[6] podemos decir que el caso es ligeramente peor, puesto que la disminución de mujeres comienza en el primer escalón del escalafón. Como se ve en el gráfico siguiente, las mujeres suponen el 58% de los contratos post doctorales (Grado D), pero en el caso de los científicos titulares (Grado C), que es el primer puesto fijo en la carrera investigadora de estos organismos, ya descienden al 43% siendo tan sólo el 25% como profesoras de investigación (Grado A), el puesto más alto que se puede obtener en estos centros.

---

[6] Los OPIs dependientes de la Secretaría de Estado de Investigación, Desarrollo e Innovación del MINECO son el Consejo Superior de Investigaciones Científicas (CSIC), que es el mayor de todos, Instituto de Salud Carlos III (ISCIII), el Centro de Investigaciones Energéticas, Medioambientales y Tecnológicas (CIEMAT), el Instituto Español de Oceanografía (IEO), el Instituto de Astrofísica de Canarias (IAC), el Instituto Nacional de Investigación y Tecnología Agraria y Alimentaria (INIA) y el Instituto Geológico y Geominero de España (IGME).

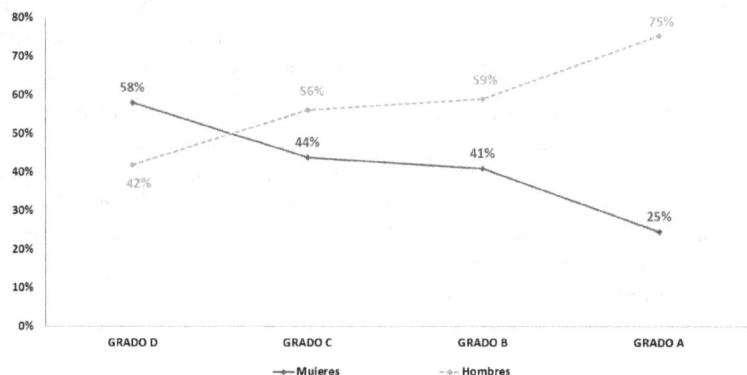

Gráfico 5. Distribución de mujeres y hombres en los OPIs, según categoría investigadora. Fuente: *Científicas en cifras*.

Y en los puestos de toma de decisiones la situación es todavía peor: de las 83 universidades públicas y privadas que hay en España, en la actualidad *sólo hay 8* rectoras (3 en universidades públicas y 5 en privadas); y, por lo que se refiere a los OPIs acaba de ser nombrada la primera presidenta del CSIC: Rosa Menéndez López es la primera en la historia que preside un OPI.

Estas cifras muestran una serie de problemas. Por un lado, sigue existiendo la denominada discriminación horizontal o territorial, en virtud de la cual las mujeres se van a unas áreas y no a otras. Hace tres o cuatro décadas, esta discriminación horizontal abarcaba a todas las disciplinas científicas, es decir las mujeres eran minoría en todas las carreras de ciencias y de ingenierías (Pérez Sedeño y Alcalá Cortijo, 2006). En la actualidad, como hemos visto son mayoría en todas las disciplinas excepto en las ingenierías; incluso en algunos casos esta mayoría es alarmante, como en ciencias de la salud, dado que la feminización de un área o disciplina conlleva su minusvaloración y a la inversa. Desde luego, la discriminación jerárquica o vertical se sigue dando, aunque no de manera tan virulenta como hace unas décadas en las primeras etapas (Pérez Sedeño y Alcalá Cortijo, 2006), pero sí en los puestos más altos y en los de toma de decisiones.

Una de las cosas que debemos plantearnos ante la lentitud de cambios en las carreras investigadoras de las mujeres es si hay mecanismos que imposibilitan su plena incorporación. Porque además de la discriminación jerárquica o la territorial, hay otros mecanismos más sutiles como el famoso techo de cristal o las microdesigualdades: éstas son esos comportamientos de exclusión, generalmente tan insignificantes, que pasan desapercibidos pero que, al acumularse, crean un clima hostil que disuade a las mujeres a ingresar o permanecer en las carreras científicas y tecnológicas. Las microdesigualdades pueden definirse como el conjunto de comportamientos que tienen por efecto singularizar, apartar, ignorar o descalificar de cualquier modo a un individuo, en función de características inmutables y que no dependen de su voluntad, esfuerzo o mérito, como el sexo, la raza o la edad. Las microdesigualdades crean un entorno laboral y educativo que menoscaba el rendimiento de estos sujetos, porque hace falta tiempo y energía para ignorar este tipo de comportamientos y hacerles frente. A estos mecanismos hay que añadir la falta de corresponsabilidad, el alargamiento de la carrera investigadora y la carencia de mujeres en los puestos de toma de decisiones, así como la falta de perspectiva de género en el diseño de los equipos de investigación que pueden impedir tomar en cuenta diversas cuestiones como la conciliación entre la vida personal y laboral.

3. Políticas públicas

El *Action Plan of the Women and Science Unit* (1999), del V Programa Marco de la Unión Europea (1998-2002) establecía la necesidad de promover la igualdad de género. Esta promoción consistía en fomentar la participación de las mujeres en la producción del conocimiento, incentivando la paridad en la composición de los equipos de investigación e impulsando el liderazgo femenino en proyectos y tipos de investigación (science BY women). De esta manera se intentaba compensar la invisible acción de las mujeres en la ciencia y crear una cultura de trabajo que permitiera el desarrollo de las carreras investigadoras. Asimismo, se animaba a revisar la visión androcéntrica del conocimiento y su producción, que no sólo ha invisibilizado a las mujeres como sujetos de conocimiento, sino que también ha producido un conocimiento construido a partir únicamente de lo masculino (science FOR women). Finalmente, en ese plan de acción se planteaba eliminar el déficit de conocimiento sobre las mujeres y sobre el género y las relaciones de género, haciendo hincapié en que la investigación específica sobre género permite cubrir ciertas lagunas de conocimiento (science ON women).

Por lo que se refiere a la reforma impulsada por el "Plan Bolonia" para construir un Espacio Europeo de Educación Superior, incorporaba la inclusión de los estudios de género en la docencia y la investigación. En concreto, se establecía la necesidad de formar al alumnado en los valores de igualdad entre mujeres y hombres y no sólo para afrontar los cambios económicos y sociales (Kortendiek, 2011).

Los siguientes programas marco de la UE siguieron apostando por la inclusión de la igualdad de género en el conocimiento. En concreto el VII Programa Marco (2007-2013) desarrolló una serie de acciones para reforzar el papel de las mujeres y la dimensión de género en la investigación. No se trataba tanto de formular políticas que favorecieran que las mujeres entraran y permanecieran en las instituciones científicas (eliminando la fuga de tuberías) sino de implementar políticas que cambiaran las instituciones, mediante la transversalización de la perspectiva de género.

En el Programa Horizonte 2020 también aparecen reforzadas todas las dimensiones de género en los programas de investigación. Así mismo se pide a las instituciones de investigación que adopten planes de igualdad que identifiquen los sesgos de género y promulguen políticas para erradicarlos. Para ello, las instituciones deben elaborar indicadores que permitan el seguimiento de estas políticas. Con respecto a los proyectos de investigación, se les exige que integren la dimensión de género en todas sus fases: revisión desde la perspectiva de género de las teorías y conceptos utilizados generalmente en su campo científico, planteamiento (si las hipótesis de partida incluyen un análisis de sexo/género que aborde las posibles diferencias o semejanzas que pueda haber entre mujeres y hombres o en animales, tejidos o células), metodología empleada (muestras desagregadas por sexo, objetos de estudio representativos de los diversos sexos/géneros...),experimentación, estrategias de difusión y transferencia de resultados (si facilitan la aplicación a las necesidades específicas de mujeres y hombres), valoración de las consecuencias de la investigación para mujeres y hombres y para la Tierra a largo plazo, etcétera. Además, hay un programa específico,Gender Equality in Research and Innovation (GERI), que canaliza las políticas de igualdad de género en las universidades y los centros de investigación; y el European Research Council (ERC) tiene como uno de sus objetivos primordiales la igualdad de género.

El sistema de vigilancia de la UE (*genderwatch*) prevé la recogida y difusión de estadísticas, fomenta la participación de las mujeres en los grupos de evaluación y de expertos y promueve la elaboración de estudios que determinen el impacto de género en las distintas ramas de investigación. Además, la UE pública cada tres años *She Figures. Statistics and Indicators on Gender Equality in Science*, informes donde se presentan datos de todos los países de la Unión Europea. En el año 2006, se creó el European Institute for Gender Equality (EIGE) con el objetivo de difundir la información, intercambiar buenas prácticas y desarrollar instrumentos metodológicos que permitan integrar la dimensión de género en todas las áreas, incluyendo la educación superior y la investigación.

3.1. Políticas públicas en España

En España, disponemos de diversas leyes. La *Ley Orgánica 1/2004 de Medidas de Protección Integral contra la Violencia de Género*, de 28 de diciembre, considera que el sistema educativo es uno de los ámbitos fundamentales para eliminar la violencia contra las mujeres. En concreto, con respecto a la educación superior, el artículo cuatro establece que las universidades fomentarán e incluirán en todos los ámbitos académicos y de manera transversal la formación en igualdad y no discriminación.

Además, disponemos de dos leyes que, si se cumplieran, podrían ayudar de manera drástica a reducir las desigualdades. Nos referimos a *la Ley Orgánica 3/2007 para la Igualdad efectiva de mujeres y hombres*, de 22 de marzo comúnmente denominada "Ley de igualdad" y la popularmente llamada "Ley de la Ciencia", *Ley 14/2011 de la Ciencia, la Tecnología y la Innovación*, de 1 de junio. Estas leyes fueron precedidas por la Orden del Ministerio de la Presidencia del 8 de marzo de 2005, en la que se adoptaban diversas medidas en los ámbitos del empleo, la investigación y otras medidas en la Administración General del Estado (AGE). Con respecto al empleo y la AGE en el artículo 1.3 se establecía que en ella y en los organismos públicos y empresas dependientes, "los órganos de selección de personal tendrán composición paritaria". En el caso de la investigación se acordaba crear la unidad de "Mujer y Ciencia" (4.1) e incluir, como criterio adicional de valoración en la concesión de ayudas a proyectos de investigación, la participación de las mujeres en los equipos de trabajo (4.2). Así mismo se incluían otras medidas para la igualdad (paridad en los comités de dirección y de expertos y en la composición de los órganos colegiados de la AGE)[7].

Pero es la Ley de Igualdad la que desarrollaría más completamente estas y otras medidas en todos los ámbitos. En el primer artículo se decía: "Las mujeres y los hombres son iguales en dignidad humana, e iguales en derechos y deberes. Esta Ley tiene por objeto hacer efectivo el derecho de igualdad de trato y de oportunidades entre mujeres y hombres, en particular mediante la eliminación de la discriminación de la mujer, sea cual fuere su circunstancia o condición, en cualesquiera de los ámbitos de la vida y, singularmente, en las esferas política, civil, laboral, económica, social y cultural para, en el desarrollo de los artículos 9.2 y 14 de la Constitución, alcanzar una sociedad más democrática, más justa y más solidaria". Así, esta ley establecía principios de actuación de los Poderes Públicos y regulaba derechos y deberes de las personas físicas y jurídicas, públicas y privadas, e instauraba medidas destinadas a eliminar y corregir cualquier forma de discriminación por razón de sexo en los sectores público y privado. En concreto, por lo que se refería al ámbito de la ciencia y la educación superior, propugnaba la igualdad de trato y de oportunidades en el acceso al empleo, en la formación y promoción profesionales, y en las condiciones de trabajo. Asimismo, se establecía la transversalidad del principio de igualdad: "Transversalidad del principio de igualdad de trato entre mujeres y hombres. El principio de igualdad de trato y oportunidades entre mujeres y hombres informará, con carácter transversal, la actuación de todos los Poderes Públicos". La característica de la transversalidad, de llevar la igualdad de género a todos los ámbitos, sitúa al Estado como ente responsable para articular sus recursos y facilitar la igualdad, la participación y la inserción de las mujeres dentro del apartado científico y de investigación.

Además, el artículo 25 dice: "En el ámbito de la educación superior, las administraciones públicas, en el ejercicio de sus competencias, fomentarán la enseñanza y la investigación sobre el significado y el alcance de la igualdad entre mujeres y hombres. En particular, y con tal finalidad, las Administraciones pú-

---

[7] Algunas de estas medidas se proponían en el informe *Mujer y Ciencia* editado por FECYT en 2004.

blicas promoverán: a) la inclusión, en los planes de estudio en que proceda, de enseñanzas en materia de igualdad entre mujeres y hombres; b) la creación de postgrados específicos; c) la realización de estudios e investigaciones especializadas en la materia". También en el artículo 77 se crean las Unidades de Igualdad en cada ministerio, encargadas de elaborar estadísticas, estudios que promuevan la igualdad en sus áreas de actividad, asesorar a los órganos competentes en la elaboración del informe sobre impacto por razón de género, fomentar el conocimiento del personal del alcance y significado del principio de igualdad mediante la formulación de propuestas de acciones formativas y velar por el cumplimiento de esta Ley y la aplicación efectiva del principio de igualdad.

La Ley de la Ciencia inserta la perspectiva de género como categoría transversal. En el quinto párrafo del Preámbulo, apartado VIII, el texto legislativo dice: "La perspectiva de género se instaura como una categoría transversal en la investigación científica y técnica, que debe ser tenida en cuenta en todos los aspectos del proceso para garantizar la igualdad efectiva entre hombres y mujeres. Además, se establecen medidas concretas para la igualdad en este ámbito". La inclusión de la perspectiva de género y la noción de transversalidad del principio de igualdad aparece en varias partes de la ley de la ciencia y se establecen actuaciones concretas. Se sitúa la perspectiva de género como categoría en los campos de ciencia, tecnología e innovación, señalando el concepto de transversalidad como herramienta para hacerla efectiva. De forma subsidiaria, en el mismo párrafo, se reclama la presencia equilibrada de mujeres y hombres en todos los ámbitos antes nombrados, haciendo referencia al "I Plan de Igualdad entre mujeres y hombres en la Administración General del Estado y en sus Organismos Públicos", publicado el 20 de mayo, casi un mes antes que la Ley.

En los "Ejes de actuación" de dicho Plan se señala que la Dirección General de la Función Pública tendrá que hacer un estudio interno anual en relación al acceso al empleo público en el que al menos aparezca una referencia a la existencia de inferior representación femenina o masculina en procesos selectivos (6.2, apartado C). Con ello se pretende estudiar y evaluar el grado de presencia equilibrada de mujeres y hombres, como se refleja en la disposición adicional primera, "Presencia o Composición equilibrada" de la Ley Orgánica de Igualdad entre Mujeres y Hombres: "A los efectos de esta Ley, se entenderá por composición equilibrada la presencia de mujeres y hombres de forma que, en el conjunto a que se refiera, las personas de cada sexo no superen el sesenta por ciento ni sean menos del cuarenta por ciento".

La Ley de la Ciencia va un paso más allá, pues no sólo se habla de la inclusión, sino de la implantación de la perspectiva de género, en su disposición adicional decimotercera, a través de los siguientes 6 puntos que merecen ser expuestos *in extenso* (pp. 53-54):

1. La composición de los órganos, consejos y comités regulados en esta ley, así como de los órganos de evaluación y selección del Sistema Español de Ciencia, Tecnología e Innovación, se ajustará a los principios de composición y presencia equilibrada entre mujeres y hombres establecidos por la Ley Orgánica 3/2007, de 22 de marzo, para la igualdad efectiva de mujeres y hombres.

2. La Estrategia Española de Ciencia y Tecnología y el Plan Estatal de Investigación Científica y Técnica promoverán la incorporación de la perspectiva de género como una categoría transversal en la investigación y la tecnología, de manera que su relevancia sea considerada en todos los aspectos del proceso, incluidos la definición de las prioridades de la investigación científico-técnica, los problemas de investigación, los marcos teóricos y explicativos, los métodos, la recogida e interpretación de datos, las conclusiones, las aplicaciones y los desarrollos tecnológicos, y las propuestas para estudios futuros. Promoverán igualmente los estudios de género y de las mujeres, así como medidas concretas para estimular y dar reconocimiento a la presencia de mujeres en los equipos de investigación". En efecto, en los principios de la Estrategia se incluye "La incorporación de la perspectiva de género en las políticas públicas de I+D+i para corregir la pérdida de capital humano asociada a la desigual incorporación de las mujeres y su desarrollo profesional en los ámbitos de la investigación científica y técnica, tanto en el sector público como en el empresarial. Este principio conlleva la incorporación de la perspectiva de género en los contenidos de la investigación científica, técnica y de la innovación para que enriquezca el proceso creativo y la obtención de resultados". Pero no aparece nada más: ni en los objetivos generales, ni en los ejes prioritarios, ni en los mecanismos de articulación. Por lo que se refiere el Plan Estatal de Investigación[8], la igualdad de género y la perspectiva de género aparece como una de las prioridades del Espacio Europeo de Investigación (p. 5). También afirma que se aplicarán medidas para corregir la brecha de género, que se tendrá en cuenta la dimensión de género en la financiación de actividades I+D+i y se aplicarán criterios estrictos de paridad en las distintas comisiones de evaluación, comités y órganos de gestión y gobernanza (pp.21, 23 y 28). Sin embargo, estos objetivos no se cumplen siempre. Ese es el caso de algunos comités asesores para evaluar la calidad investigadora en la Comisión Nacional de la Evaluación de la Actividad Investigadora (CNEAI): en varios comités de 6 miembros sólo 2 son mujeres (Matemáticas y Física, Ingeniería

---

[8] Como aparece en las referencias bibliográficas, el documento consultado es el Avance del Plan Estatal. El plan definitivo se publicó el 3 de enero de 2018, cuando este trabajo estaba ya concluido.

y Arquitectura 1), en otros de 5 componentes sólo hay una mujer (Transferencia de Conocimiento e Innovación) o sólo 2 mujeres de 8 miembros (Ingeniería y Arquitectura 2)[9]. Así mismo entre las prioridades está "incorporar la perspectiva de género, *siempre que sea de aplicación*, como una variable relevante de carácter transversal en la definición y desarrollo de los contenidos de la investigación" (p. 48; la cursiva es mía y esa coletilla sirve muchas veces de excusa para su incumplimiento).

Siguiendo con los ejes de actuación:

3. El Sistema de Información sobre Ciencia, Tecnología e Innovación recogerá, tratará y difundirá los datos desagregados por sexo e incluirá indicadores de presencia y productividad.

4. Los procedimientos de selección y evaluación del personal investigador al servicio de las Universidades públicas y de los Organismos Públicos de Investigación de la Administración General del Estado, y los procedimientos de concesión de ayudas y subvenciones por parte de los agentes de financiación de la investigación, establecerán mecanismos para eliminar los sesgos de género que incluirán, siempre que ello sea posible, la introducción de procesos de evaluación confidencial.

   Dichos procesos habrán de suponer que la persona evaluadora desconozca características personales de la persona evaluada, para eliminar cualquier discriminación por razón de nacimiento, raza, sexo, religión o cualquier otra condición o circunstancia personal o social.

5. La Estrategia Española de Innovación y el Plan Estatal de Innovación promoverán la incorporación de la perspectiva de género como una categoría transversal en todos los aspectos de su desarrollo.

6. Los Organismos Públicos de Investigación adoptarán Planes de Igualdad en un plazo máximo de dos años tras la publicación de esta ley, que serán objeto de seguimiento anual. Dichos planes deberán incluir medidas incentivadoras para aquellos centros que mejoren los indicadores de género en el correspondiente seguimiento anual.

Aunque en el Plan Estatal se dice que "la investigación en materia de género [es] un ámbito específico, así como una variable transversal a incorporar en el desarrollo de las investigaciones orientadas a la búsqueda de soluciones en el resto de los retos de la sociedad" (p. 61), la transversalidad de género no aparece para nada en la Estrategia Nacional.

---

[9] BOE 21 de febrero de 2017

Por su parte, la Ley de Ordenación Universitaria (LOU) *Ley Orgánica de Universidades* 6/2001, de 21 de diciembre, es mucho menos incisiva y ni siquiera se mencionan los estudios de género, quedándose simplemente en los aspectos sociológicos y de inclusión y no discriminación de las mujeres. Por otro lado, la Ley Orgánica 4/2007, de 12 de abril, que modifica la anterior, establece en el Preámbulo que las universidades han de respetar la igualdad entre mujeres y hombres alcanzar la paridad en los órganos de representación y una participación más elevada de las mujeres en los grupos de investigación, recomendando la creación de programas específicos sobre igualdad: "Los estatutos establecerán las normas electorales aplicables, las cuales deberán propiciar en los órganos colegiados la presencia equilibrada entre mujeres y hombres" (cap. 1, art. 13). Lo mismo en el apartado que regula los Órganos de gobierno y representación de las Universidades privadas. Y en las funciones de la Conferencia General de Política Universitaria está promover "que los equipos de investigación desarrollen su carrera profesional fomentando una presencia equilibrada entre mujeres y hombres en todos sus ámbitos" (Artículo 41. 4) o en la regulación de la acreditación nacional (art. 57.2) y en la composición de las comisiones de selección de las plazas convocadas (art. 62.3). También declara el derecho de las y los estudiantes a recibir un trato no sexista (art.46.j). Finalmente, en la Disposición adicional duodécima, titulada "Unidades de igualdad" se establece que "Las universidades contarán entre sus estructuras de organización con unidades de igualdad para el desarrollo de las funciones relacionadas con el principio de igualdad entre mujeres y hombres".

Pero la aplicación de estas leyes deja mucho que desear. En primer lugar, no parece haber un seguimiento (o al menos no se ha hecho público) del cumplimiento de estas disposiciones, principios, etc. Además, los valores y necesidades que presiden el diseño del sistema I+D+i perpetúa la orientación masculina tradicional, apenas incorporan los nuevos valores de igualdad o valoración de lo femenino que inspiraron la Ley orgánica de igualdad efectiva de mujeres y hombres de 2007, la Ley integral contra la Violencia de Género (añadida la violencia simbólica) o la Ley de Dependencia, que son los tres grandes marcos legales o de consenso social sobre los que pivota en España el mundo que incluye y valora las mujeres[10]. Por lo general, las leyes o decretos que desarrollan estas leyes generales integran lo políticamente justo y necesario para no ser rechazado en los informes jurídicos previos a su aprobación en las sucesivas comisiones políticas. Estos informes velan porque todo texto normativo o estructural sea coherente con la legislación previa de rango superior y, como es obvio, el campo de aplicación de cualquier "ley orgánica" es tan extenso que no puede faltar una alusión a la perspectiva de género en casi ninguno. Buena prueba de ello son las Conclusiones y Manifiesto del X Encuentro de las Unidades de Igualdad de las Universidades Es-

---

[10] El análisis de estas otras dos leyes excede el ámbito de este trabajo.

pañolas, celebrado en Córdoba el 31 de mayo y 1 de junio de 2017[11]. Las barreras obstáculos y resistencias identificadas en diversos ámbitos, y las reivindicaciones siguen siendo, en gran medida, semejantes a las de los primeros encuentros.

4. Los estudios de género

Como ya mencionamos, uno de los factores del cambio en Educación Superior e Investigación fue la introducción y desarrollo de los estudios de género o feministas en nuestro país. Esta aparición y evolución de estos estudios en la investigación española responde a dos tipos de intereses: por un parte, la utilidad de promover el análisis de las causas de la persistente desigualdad de las mujeres en todos los ámbitos de la vida pública, incluido el investigador; y por otra, la importancia misma de indagar en las particularidades de la introducción y consolidación de un tipo de trabajo que no encaja fácilmente en la estructura del sistema universitario en el contexto español. Además, las lentes de género o feministas permitieron una nueva mirada sobre supuestos, hipótesis, metodologías, experimentación, en resumen, sobre los contenidos de nuestras teorías y prácticas de conocimiento.

El nacimiento y fuerza actual de los estudios de género a nivel internacional está directamente relacionado con la tercera ola del movimiento feminista de los años 60 y 70[12] y con el aumento del número de mujeres investigadoras en esas fechas. Esta combinación dio como resultado una preocupación creciente por el lugar de las mujeres en el mundo académico y por la representación del género en los currículos de enseñanza. El enfoque de género ha tratado, a partir de estas preocupaciones, de indagar en las raíces de la exclusión de las mujeres: recuperando para la historia de la ciencia figuras femeninas silenciadas y olvidadas, analizando las barreras que continúan excluyendo a las mujeres de los ámbitos públicos, planteando la renovación curricular para contribuir a una educación igualitaria, o indagando en los sesgos de género en teorías o disciplinas y en los significados sexuales en el lenguaje y las prácticas de las sociedades humanas[13].

En definitiva, la discusión feminista sobre los problemas de las mujeres, desde el análisis de su escasez y evolución en los ámbitos de la vida pública hasta las reflexiones teóricas sobre la conceptualización del género y su reflejo en diferentes aspectos del conocimiento y manifestaciones culturales humanas, ha dado lugar al campo de trabajo académico conocido como "estudios de género", "estudios

---

[11] Disponible en https://gestioneventos.us.es/_files/_event/_8426/_editorFiles/file/X-Encuentro-UIgualdadEspanolas/X-Encuentro-UIgualdadEspa%C3%B1olas_Conclusiones-DEFINITIVAS-y-Manifiesto.pdf. Último acceso 4 de enero de 2018.

[12] Sigo aquí la idea de diversas feministas españolas, que consideran que la primera ola se da en la Ilustración, siendo el feminismo un hijo no querido de la Ilustración (Amelia Valcárcel).

[13] Para una introducción a los estudios de género en ciencia y tecnología, véase, por ejemplo, González García y Pérez Sedeño, 2002.

feministas" o "estudios sobre las mujeres". En nuestros días, los estudios de género se han introducido, con distintos grados de institucionalización, en gran cantidad de países, dependiendo las diferencias en su introducción de variables tales como la influencia de los movimientos de mujeres, la existencia de académicas feministas en las Universidades y centros de investigación o de académicos en general dispuestos a introducir temas de género en los currículos, o la flexibilidad de los sistemas universitarios para incorporar asignaturas, programas o departamentos dedicados a temas de género (Wotipka y Ramírez, 2004). Además, son responsables de impulsar y promulgar políticas de igualdad como las expuestas anteriormente.

En el caso español, la introducción de los estudios de género encuentra la resistencia propia de incorporar al sistema ámbitos de trabajo multidisciplinares, para los que no existen departamentos universitarios, áreas de conocimiento, ni titulaciones establecidas[14]. Es, por lo tanto, difícil analizar su introducción, que tiene lugar a través fundamentalmente de programas de postgrado y doctorado promovidos desde algunos departamentos universitarios o desde institutos de investigación de carácter multidisciplinar. En la actualidad, hay 14 másteres de género que se imparten en las siguientes universidades: Universidad de Almería, Universidad Autónoma de Madrid, Universidad Complutense de Madrid, Universitat Jaume I de Castellón, Universidad de La Laguna, Universidad de Murcia, Universidad de Oviedo, Universidad Pablo de Olavide, Universidad del País Vasco/Euskal Erriko Unibersitatea, Universidad de Salamanca, Universidad de Sevilla, Universitat de València y Universidad de Vigo. También hay diversos programas de doctorado, algunos de ellos interuniversitarios, como el que coordina la Universidad Autónoma de Madrid.

Muchos de estos programas de másteres y doctorados se forjaron en seminarios de Estudios de la Mujer. Las Universidades Autónomas de Madrid y de Barcelona fueron las primeras en crear un Seminario de Estudios de la Mujer, ya en 1979. En 1980, con una beca de Antropología como germen, se crea el Seminario de Estudios de la Mujer en la Universidad del País Vasco. En la Universidad de Barcelona, surge en 1982 el Centre d'Investigació Històrica de la Dona (CIHD). Todos ellos respondían a la necesidad de abrir un espacio para transformar el conocimiento sobre las mujeres y el conocimiento mismo, así como para que la universidad y la sociedad evolucionaran (Ballarín Domingo, Gallego Méndez y Martínez Benlloch (1995). Ahora bien, todos ellos se desarrollaban en las áreas de humanidades y ciencias sociales.

Tras los colectivos pioneros, van surgiendo aulas de género, grupos de investigación feminista, seminarios multidisciplinares, algunos de los cuales llegarán a ser Institutos de Investigación, por toda la geografía española. Con propie-

---

[14] El Grado en Igualdad de Género de la Universidad Rey Juan Carlos, el único existente en toda la universidad pública española, fue eliminado en el año 2014.

dad puede decirse que la década de los ochenta vio consolidarse lo que desde el principio mostró una significativa capacidad de desarrollo, consolidación debida muchas veces más al esfuerzo, constancia y buen hacer de las profesoras e investigadoras, unido a la adhesión por parte del alumnado a los nuevos modos de conocer y enseñar, que al respaldo institucional, donde todavía continúan existiendo resistencias. Hoy en día muchos de estos Institutos han arraigado como centros de educación y de investigación.

Como consecuencia de ello surge, en 1996, una convocatoria que se incluye como Programa Sectorial sobre Estudios de las Mujeres y de Género, en el III Plan Nacional de I+D y que a partir del año 2000 pasaría a denominarse Acción Estratégica de Fomento de la Igualdad de Oportunidades entre Mujeres y Hombres, también vinculada al Plan Nacional, a través del área de Socioeconomía. La creación de dicho Programa o Acción Estratégica estaba motivada por la necesidad de formalizar y financiar un área de conocimiento en el que, como ya hemos señalado, se venía trabajando en nuestro país.

El principal objetivo era fomentar la investigación en temas relacionados con la igualdad entre mujeres y hombres que se enmarcaran "en las líneas de investigación propias de los seminarios, institutos, centros y aulas de estudios de las mujeres que incorporan una perspectiva de género en su tarea investigadora". Las líneas prioritarias incluían pobreza, educación, salud, violencia, trabajo, medios de comunicación y medioambiente. En la actualidad, dentro del programa Retos del Plan nacional de I+D+I hay una subárea temática denominada "FEM Estudios feministas, de la mujer y de género".

5. Reflexiones finales: una ciencia (y tecnología) por y para las mujeres

Hemos comentado cómo la UE ya hace años que se plantea eliminar el déficit de conocimiento sobre las mujeres y las relaciones de género, teniendo claro que una investigación específica sobre género permite cubrir ciertas lagunas de conocimiento. En efecto, más allá de los aspectos sociológicos y de igualdad, los estudios de género pretenden ayudar a construir un conocimiento que no discrimine ni pueda ser utilizado para mantener el carácter subordinado y desigual de las mujeres (o de otros grupos marginalizados o vulnerables). Los primeros trabajos se centraron en las áreas de Humanidades y Ciencias Sociales. La historia, la antropología, la sociología, etc. se abordaron con una nueva mirada, reevaluando la aportación de las mujeres a esas disciplinas, sacándolas de la invisibilidad y reformulando nuevas hipótesis y teorías e ideando nuevas metodologías para abordarlas. También se han sacado a la luz y evaluado las metáforas utilizadas, pero también los sesgos metodológicos y androcéntricos en la elaboración de dichas hipótesis o en las prácticas científico-tecnológicas. Poco a poco el interés se fue centrando en otras disciplinas *científicas*, en especial en aquellas que se han utilizado y utilizan para mantener el carácter subordinado de las mujeres, esto es, las disciplinas biosociales. Y sobre todo se ha criticado una ciencia hecha por los hombres y centrada en ellos como sujetos y objetos de conocimiento. El caso de la biomedicina es especialmente significativo. Esa área se ha fundamentado en la idea de que mujeres y hombres son diferentes, solo en los aspectos reproductivos. Eso ha producido estudios, ensayos clínicos, etc. muy sesgados y que, o se despreciaran otros aspectos no reproductivos de los cuerpos de las mujeres, o que se basaran solo en varones (Valls Llobet, 2008 y García Dauder y Pérez Sedeño, 2017). Por otro lado, hay disciplinas, como la primatología, la biología o la biomedicina, que han incorporado de manera exponencial mujeres que han contribuido con una nueva mirada a la disciplina(García Dauder y Pérez Sedeño, 2017).

Otra de las áreas reveladoras es la que pretende justificar desigualdades sociales de género basándose en argumentos "científicos" sobre las diferencias innatas entre hombres y mujeres. Se ha escrito mucho sobre el sexismo y el androcentrismo en las teorías científicas del siglo XIX que pretendían demostrar la inferioridad "natural" de las mujeres (fundamentalmente en inteligencia o capacidades), pero desafortunadamente, tales tesis tienen un calado que llega incluso a nuestros días de la mano de algunos socio-biólogos o de psicólogos evolucionistas que presentan el dualismo sexual como rasgo evolutivo y adaptativo de la especie: si somos diferentes por naturaleza, se haga lo que se haga, nada podrá revertirlo. Como señalaba Edward O. Wilson "Incluso con educación idéntica para hombres y mujeres e igual acceso a todas las profesiones, es probable que los hombres mantengan representación desproporcionada en la vida política, los negocios y la ciencia" (Wilson, 1978, 103). Curiosamente, esta idea es la que cala en el imaginario colectivo, muchas veces a través de los medios de comunicación, pero también de obras literarias o fílmicas, seguramente porque se conforma con la idea profundamente arraigada de diferencias irreconciliables que equivalen, en el fondo a desigualdades: sin embargo, lo opuesto a desigualdad es igualdad -no diferencia- y a ésta última se opone lo idéntico, lo mismo. En definitiva, el gran problema de este tipo de estudios sobre las diferencias sexuales es reducir a dos la gran diversidad y variabilidad humana. Como indica Steven Rose: "si los intentos de contestar estas cuestiones sobre diferencias están plagados de falacias científicas, ¿podrían estas sin embargo tener implicaciones para las políticas públicas haciendo investigación que merezca la pena? La respuesta avanzada a veces es que, si hay tales diferencias y se entienden sus causas, los grupos menos favorecidos podrían ser 'compensados' con alguna forma de educación diferenciada. Pero en la práctica, las afirmaciones de que hay diferencias de inteligencia entre blancos y negros o entre hombres y mujeres siempre se han utilizado para justificar una jerarquía social en la que los hombres blancos continúan ocupando las primeras posiciones (ya sean en economía general o en las ciencias naturales en particular) … En una sociedad en la que el racismo y el sexismo estuvieron ausentes, la cuestión de si blancos u hombres son más o menos inteligentes que los negros y las mujeres simplemente no tendría significado, ni siquiera se preguntaría al respecto" (Rose 2009,788).

Estos análisis han encontrado especial resistencia debido a la falsa creencia de que la ciencia es objetiva, neutra y carente de otros valores que no sean los meramente epistémicos. Pero la irrupción de la teoría feminista, junto con otros enfoques como la filosofía naturalizada de la ciencia, en el análisis y reflexión sobre la ciencia ha proporcionado diversos argumentos en contra de la neutralidad valorativa de la ciencia: como cualquier otra actividad desarrollada por los seres humanos, no se puede entender fuera de su contexto sociocultural. Los argumentos que hacemos a favor de ciertas evidencias dependen del contexto, del mismo modo que consideramos que ciertos datos constituyen evidencia a favor o en contra de cierta hipótesis sólo con respecto a ciertas hipótesis o supuestos previos. Dicho de otro modo, la construcción del conocimiento es una práctica social; por eso, la investigación conlleva necesariamente valores e ideología, pero eso no supone que haya que tolerar de forma indiscriminada las preferencias subjetivas individuales. Lo que confiere objetividad a los productos de la investigación científica es la crítica social más la evidencia empírica. La ciencia es un proceso y actividad de comunidades científicas insertas en contextos sociohistóricos concretos en cuyo seno encontramos valores personales, sociales y culturales, preferencias de grupos o individuales, de tipo cultural, social, que inciden o pueden incidir en diversos modos y grados sobre la práctica científica (Longino, 1990). Esta nueva filosofía feminista de la ciencia considera que los valores contextuales, en concreto los ideológico-políticos, son constricciones relevantes en el razonamiento y la interpretación que conforman el contenido del conocimiento.

Las comunidades epistémicas deben estar abiertas a la crítica, sus componentes tienen igual autoridad epistémica, sin que nadie pueda obligar a los demás a elegir una teoría. Como dice Longino, los individuos tienen autonomía de opinión y es necesario que haya diversidad de perspectivas para que exista "un discurso vigoroso y epistémicamente crítico de verdad" (Longino, 2002, 131 y 154). Ni siquiera el subconjunto de investigadoras que hacen ciencia desde el feminismo tiene una articulación determinada de valores feministas que domina sobre el resto, ya que hay diferentes perspectivas feministas.

La incorporación de pluralidad de perspectivas, especialmente si son socialmente relevantes, conllevará una mayor democratización de la comunidad científica y una ciencia más objetiva, ya que facilitará el cuestionamiento del trasfondo de valores hegemónicos, marcando su carácter político y parcial y anulando sus idiosincrasias particulares (Longino, 1993). Si sólo tenemos la perspectiva de una sola raza, sexo, etc., difícilmente podremos tener una ciencia de miras amplias en la que puedan surgir nuevas preguntas y nuevas soluciones y una nueva forma de hacer ciencia.

Como se ha señalado en otra ocasión "la objetividad científica y la búsqueda de una mejor ciencia requieren no solo corregir los sesgos de género que se producen en las investigaciones, sino políticas democráticas y participativas en las prácticas científicas comunitarias" (García Dauder y Pérez Sedeño, 2017, 240).

Referencias bibliográficas

Ballarín Domingo, Pilar, Gallego Mendez, Mª Teresa y Martinez Benlloch, Isabel (1995). *Los estudios de las mujeres en las Universidades españolas 1975-91. Libro Blanco*. Madrid: Ministerio de Asuntos Sociales. Instituto de la Mujer.

García Dauder, S. y Pérez Sedeño, Eulalia (2017). *Las "mentiras" científicas sobre las mujeres*. Madrid: Los libros de la Catarata.

González García, Marta y Pérez Sedeño, Eulalia (2002). Ciencia, Tecnología y Género. *Revista Iberoamericana de Ciencia, Tecnología, Sociedad e Innovación*, OEI, 2. http://www.campus-oei.org/revistactsi/numero2/varios2.htm

Kortendiek, Beate (2011). Supporting the Bologna Process by Gender Mainstreaming: A Model for the Integration of Gender Studies in Higher Education Curricula. En Laura Grünberg (ed.), *From Gender Studies to Gender IN Studies. Case Studies on Gender-Inclusive Curriculum in Higher Education* (pp. 211-228). Bucharest: Unesco – CEPES.

Longino, Helen (1990). *Science as Social Knowledge.* Princeton: Princeton University Press.

Longino, Helen (2002). *The Fate of Knowledge*. Princeton: Princeton University Press.

Ministerio de Economía, Competitividad e Innovación (2013). *Estrategia Española de Ciencia y Tecnología 2013-2020.*

Ministerio de Economía, Competitividad e Innovación (2017). *Avance del Plan Estatal de Investigación Científica y Técnica y de Innovación 2017-2020.* Consulta pública 11 de julio de 2017.

Pérez Sedeño, Eulalia y Alcalá Cortijo, (2006). La ley de la ciencia 20 años después: ¿Dónde estaban las mujeres? *Revista madri+d*, Nº. Extra 1. Disponible en: http://www.madrimasd.org/revista/revistaespecial1/articulos/perezalcala.asp

Pérez Sedeño, Eulalia y Canales Serrano, Antonio (2012). Educación superior e investigación científica: historia, sociología y epistemología. En Capitolina Díaz Martínez y Sandra Dema Moreno (eds.), *Sociología y género*. Madrid: Editorial Tecnos.

Rose, Steven (2009). Should Scientists Study Race and IQ? No: Science and Society Do Not Benefit. *Nature* 457 (7231), 786–788.

Unidad Mujeres y Ciencia (UMYC) (2016). *Científicas en cifras 2015,* Madrid: MINECO. Disponible en:
http://www.idi.mineco.gob.es/stfls/MICINN/Ministerio/FICHEROS/Informe_Cientificas_en_Cifras_2015_con_Anexo.pdf

Uribe Valencia, Yamile. (2017) *Participación de la mujer en la ciencia en Colombia*. Tesis Doctoral dirigida por la Dra. Obdulia Torres en la Universidad de Salamanca.

VallsLlobet, Carme (2008). *Mujeres invisibles*. Barcelona: Mondadori.

Wilson, Edward O. (1975). *Sociobiology: The New Synthesis*. Cambridge: Harvard University Press.

Wotipka, Christine Min. y Ramírez Felipe. (2004). A Cross-National Analysis of the Emergence and Institutionalization of Women's Studies Curricula. Contribución presentada en el *99ʰ Annual Meeting of the American Sociological Association*, San Francisco. Disponible en:
http://research.allacademic.com/meta/_mla_apa_research_citation/1/0/9/0/9/p109091_index.html?phpsessid=en3slisu6fidg603gl-9d11uvm0.

ArtefaCToS. Revista de estudios de la ciencia y la tecnología
eISSN: 1989-3612
Vol. 7, No. 1 (2018), 2ª Época, 143-153
DOI: http://dx.doi.org/10.14201/art201871143153

Objetividad y racionalidad en la economía del conocimiento científico

Objectivity and Rationality in Scientific Knowledge Economy

Jesús ZAMORA BONILLA
Universidad Nacional de Educación a Distancia
jpzb@fsof.uned.es

Recibido: 16/01/2018. Revisado: 20/01/2018. Aceptado: 24/01/2018

Resumen

Se presentan las líneas generales de una "economía del conocimiento científico", en particular, de un enfoque de los estudios sociales de la ciencia basado en la aplicación de la teoría de juegos al análisis de las interacciones e instituciones científicas. Se plantea la cuestión de en qué sentido y en qué medida un enfoque de este tipo puede ser útil para responder a las clásicas preguntas sobre la racionalidad y la objetividad del conocimiento científico. Estas cuestiones se ilustran con la aplicación de la teoría de juegos a tres situaciones diferentes: la elección de normas o estándares de calidad en la ciencia, la elección de una teoría, y la "construcción social" de un hecho científico.

Palabras clave: racionalidad; objetividad; economía del conocimiento científico; estudios sociales de la ciencia; valor epistémico; teoría de juegos; modelos.

Abstract

The paper presents the general lines of an "economy of scientific knowledge", and specifically an approach from the social studies of science based on the application of game theory to the analysis of scientific interactions and institutions. The paper will analyze in what sense and to what extent an approach of this kind can be useful to answer the classic questions about the rationality and objectivity of scientific knowledge. These issues are exemplified with the application of game theory to three different situations: the choice of standards or quality standards in science, the choice of a theory, and the "social construction" of a scientific fact.

Keywords: *Rationality; Objectivity; Economics of Scientific Knowledge; Social Studies of Science; Epistemic Value; Game Theory; Models.*

1. Introducción

A lo largo de las últimas dos décadas buena parte de mi investigación la he dedicado al desarrollo de lo que podemos llamar un enfoque "económico" para la comprensión de la "construcción social del conocimiento científico", basado sobre todo en la aplicación de la teoría de la elección racional y la teoría de juegos (ver Fernández Pinto, 2016; Zamora Bonilla 2011). Un enfoque así complementaría los esfuerzos tradicionales en esta área, que utilizan ideas y técnicas de otras disciplinas de las ciencias sociales, tales como la sociología y la antropología, pero que aportaría también dos virtudes fundamentales de una perspectiva "racionalista": en primer lugar, el enfoque de elección racional permite modelizar de manera explícita los factores que determinan las decisiones de los científicos, así como las interdependencias entre estos factores, sin la necesidad de revestir a estos factores de una retórica mistificadora, que más bien contribuye a oscurecer el análisis más que a iluminarlo. En segundo lugar, en vez de una acusación genérica de falta de objetividad y racionalidad a los productos y a los métodos de la investigación científica, como hacen algunos enfoques sociologistas tendentes al relativismo, los modelos económicos nos permiten especificar claramente cuáles pueden ser las deficiencias específicas que pueden conllevar algunas formas de llevar a cabo los procesos de investigación, es decir, nos permiten detectar modos concretos de *ineficiencia*, e iluminarnos en la búsqueda de maneras mediante las cuales resolverlas o mejorarlas. Dicho de otro modo, un análisis de la construcción social del conocimiento científico en términos de teoría de juegos nos permite no renunciar a la tesis de que la ciencia es un método *relativamente eficaz* en proporcionarnos verdades objetivas e interesantes sobre el mundo, ni a la tesis de que la ciencia es el producto de fuerzas típicamente sociales y humanas. Y, sobre todo, nos permite no renunciar al objetivo de encontrar maneras en las que mejorar el modo en que la ciencia persigue aquellos fines. En particular, voy a dedicar este artículo a intentar explicar mediante algunos ejemplos de qué forma los modelos de teoría de juegos pueden contribuir a entender la objetividad y la racionalidad de la ciencia.

2. Los elementos de un modelo de teoría de juegos sobre la ciencia

Para entender la construcción del conocimiento científico mediante el uso de la teoría de juegos necesitamos adoptar un enfoque cognitivo que no es frecuente en los llamados *"science studies"* (aunque sí es más común en otros enfoques de filosofía de la ciencia, como por ejemplo el Bayesianismo). Me refiero, por supuesto, al diseño de *modelos abstractos*. Un modelo formal puede ser considerado como un argumento esquematizado, con el que se intenta probar que ciertas conclusiones interesantes se siguen (o que no se siguen) a partir de ciertas premisas razonables. Este estilo argumentativo contrasta fuertemente con el que es más habitual en los estudios sociales de la ciencia: el "estudio de casos". Por supuesto, no hay nada que objetar a ese tipo de estudios basados en la descripción "sociológica" o "histórica" de casos concretos, es más, se trata de una actividad absolutamente necesaria para conocer y entender la producción del conocimiento científico, pero la "tecnología de estudios de casos" es esencialmente *inductiva*, y no muy adecuada, por tanto, para iluminar los *mecanismos regulares* que hacen que la ciencia sea como es, y por tanto, las conclusiones que alcancemos con ella podrán difícilmente ser generalizados, como muestra el hecho de que conclusiones filosóficas o epistemológicas totalmente distintas hayan podido ser justificadas todas ellas mediante los adecuados "estudios de casos" preferidos por sus autores. De todas formas, no pretendo considerar el enfoque de teoría de juegos como una *alternativa* a los estudios de casos, sino más bien como un *complemento*: la idea es tomar el conjunto de esos estudios descriptivos como un *corpus de hechos empíricos* sobre la ciencia, meramente *descriptivos*, y utilizar la teoría de la elección racional como una herramienta para intentar descubrir *mecanismos teóricos* (o sea, modelos abstractos) que nos permitan *explicar* (al menos parcialmente) por qué la ciencia es como aquellos hechos empíricos dicen que es.

Los principios básicos de un enfoque como el que sugiero son los siguientes (para más detalles, ver Zamora Bonilla 2006a): En primer lugar, el enfoque señala a las *acciones o decisiones* de los científicos como el elemento básico de lo que tiene que ser explicado. O sea, se trata de entender por qué los científicos hacen lo que hacen y de la forma en que lo hacen. Esto no implica que otros aspectos de los "constructos" científicos (p.ej., la estructura de las teorías, la relación entre modelos y observaciones, etc.) caigan fuera de nuestro enfoque, pues podemos preguntarnos por qué los científicos *eligen* teorías con cierta estructura, por qué *prefieren* modelos con tales o cuales tipos de conexiones con los datos, etc. En segundo lugar, un enfoque de elección racional nos obliga a considerar explícitamente los *objetivos o fines* de que los científicos están persiguiendo mediante sus acciones y decisiones, así como *la información, las posibilidades alternativas, y los mecanismos sociales* que les permiten alcanzar aquellos fines en la medida en que los consiguen alcanzar. Por último, en tercer lugar, lo que el enfoque de teoría de juegos añade como su aspecto más característico es la idea de que, en la medida en que las decisiones de los *otros* colegas (u otros agentes relevantes) puedan influir en los *resultados* que obtiene un científico por su participación en esa actividad, las situaciones sociales que podamos esperar encontrar en la realidad tendrán que ser lo que se denomina un *"equilibrio de Nash"*, es decir, una situación en la que cada agente esté eligiendo la mejor alternativa que puede como respuesta a lo que están eligiendo los demás.

Con el objeto de ilustrar estos principios en su aplicación a algunos problemas tradicionales de la filosofía de la ciencia, voy a ocuparme en el resto del artículo de los siguientes ejemplos:

Estándares científicos (Ferreira y Zamora Bonilla, 2006; Zamora Bonilla, 2002): muchos filósofos han discutido a lo largo del tiempo las virtudes que un enunciado científico debe tener para ser "aceptable" (p.ej., grado de confirmación, corroboración, verosimilitud, simplicidad, capacidad predictiva, etc.), pero, puesto que estas virtudes son graduales, podemos razonablemente preguntar cómo determinan de hecho los científicos el *grado mínimo* de ellas que un enunciado debe superar para que su aceptación en la comunidad científica relevante sea "obligatoria". Dicho de otra manera, ¿bajo qué circunstancias se verá obligado un científico a reconocer que la teoría propuesta por un "rival" es la correcta? Un análisis en términos de teoría de juegos de esta situación muestra que cada elección colectiva de un estándar o de otro más alto o más bajo lleva asociadas unas probabilidades distintas de "ganar" la "carrera por un descubrimiento" (p.ej., si el grado es demasiado elevado, hay más probabilidad de que ningún científico la gane), y ello puede dar a los investigadores una razón suficiente para preferir unos estándares en vez de otros.

Elección de teoría (Zamora Bonilla 1999; 2007): No todos los enunciados científicos en un determinado campo son "obligatorios", en el sentido de que, si un científico decide no aceptar alguno de ellos, no por esa razón va a ser expulsado de la comunidad, o a no reconocérsele como un profesional debidamente cualificado; dicho de otra manera, sobre algunas cuestiones la comunidad puede no haber alcanzado una respuesta consensuada. La famosa tesis filosófica de la "infradeterminación de las teorías por la observación" es simplemente una justificación formal de este hecho, aunque su nombre habitual lleva a confusión, porque no solo se aplica a "teorías", sino en realidad a cualquier enunciado científico, desde los informes de experimentos a los "megaparadigmas". El problema es que decir que "la lógica no es suficiente para determinar la elección de teorías" no nos ayuda mucho a saber de qué factores *sí* que depende en concreto esa elección: ¿son esos factores "intereses sociales", "sesgos cognitivos", o meramente una cuestión de "psicología de masas"? El enfoque de teoría de juegos nos permite decir que, en la medida en que las ventajas que para un científico tenga aceptar un enunciado dependan de cuáles y cuántos de sus colegas lo estén aceptando, entonces las únicas situaciones estables serán aquellas que constituyan un equilibrio, en el sentido indicado más arriba. En general, sólo habrá unos pocos equilibrios en cada caso (aunque a menudo más de uno), y es posible que se den cambios súbitos de un equilibrio a otro (algo así como "revoluciones científicas"), pero también es posible probar que, en la medida en que cómo de ventajoso sea aceptar un enunciado dependa *también* parcialmente de cómo de ese enunciado sea según los estándares epistémicos aceptados por la comunidad, podemos esperar que los enunciados "mejores" tiendan a ser más "populares" entre los científicos que los "peores", a medida que ese grado de calidad epistémica aumenta.

La construcción de un hecho empírico (Zamora Bonilla, 2006b): Hoy en día es una perogrullada dentro del campo de los *"science studies"* afirmar que la manera en que los "descubrimientos" empíricos son presentados es el resultado de una *"negociación"*. Esto implica, cuando menos, que cada hallazgo empírico puede ser presentado de *más de un* modo. Pero no implica de ninguna manera que todos esos modos sean *igual de buenos* para cada agente involucrado en la "negociación". Antes, al contrario, si todos ellos fueran "igual de buenos", no habría negociación en absoluto (pues la negociación tiene un coste), y la cuestión podría resolverse pacíficamente mediante un sorteo, por ejemplo. La modelización mediante juegos de este tipo de situaciones nos permite ver que los intereses y preferencias de distintos "negociadores" puede inducir una distinción entre aquellas interpretaciones de un descubrimiento que pueden ser el resultado de una negociación, y aquellas que directamente no pueden. También muestra algunas formas en las que el resultado de la negociación puede ser considerado más o menos eficiente, y formular instituciones que ayuden a mejorar esos resultados.

3. La calidad epistémica de los productos científicos

¿Qué hace que una teoría, modelo o hipótesis sea *buena* desde el punto de vista científico? El enfoque de teoría de juegos sobre la construcción social del conocimiento proporciona dos intuiciones básicas para intentar responder a esta pregunta; no se trata de intuiciones muy profundas (en realidad, son casi triviales), pero también es cierto que son controvertidas al examinarlas desde algunos enfoques filosóficos o sociológicos, y por otro lado, también es verdad que existe una cierta tensión entre las dos intuiciones. La primera de ellas consiste en la afirmación de que, puesto que el análisis en términos de juegos asume que los científicos persiguen sus fines *racionalmente*, estamos obligados a asumir que los propios científicos tendrán una capacidad no despreciable de entender en qué consiste un *"razonamiento* correcto". Dicho de otro modo: si los científicos son tan *inteligentes* como para saber navegar el océano de sus relaciones sociales cuando luchan por conseguir recursos, publicaciones, honores, etc., entonces no deben ser necesariamente unos *ineptos* cuando tratan de descubrir, pongamos, las leyes que gobiernan un cierto fenómeno físico.

La segunda intuición, y más importante, es que la definición de la "calidad epistémica" de un producto científico no será fundamentalmente un problema *para* el filósofo de la ciencia (ni para el sociólogo o el economista de la ciencia), sino más bien *para los propios científicos* involucrados en la situación que estemos analizando, y también para el resto de los agentes relacionados con ella (industriales, políticos, ciudadanos, etc.). Por decirlo con una expresión latina: *de epistemicibus gustibus non est disputandum*. Tenemos que asumir que los científicos de carne y hueso tendrán algún tipo de "función de utilidad epistémica", probablemente no idéntica del todo la de cada uno de ellos, y la primera tarea de quien desee estudiar socialmente la producción del conocimiento científico no será tanto la de decir qué función de utilidad *debería* ser, sino más ben *averiguar cuál es de hecho*. La idea no es negar que pueda haber un montón de cosas interesantes que analizar desde un punto de vista filosófico sobre las posibles virtudes epistémicas de los ítems científicos: lo que nuestro enfoque nos sugiere es que no seamos, como filósofos, *paternalistas* sobre esta cuestión. Después de todo, los científicos son los *mejores expertos* que la sociedad tiene sobre la producción y el uso del conocimiento, y así, si alguien sabe en qué consiste el conocimiento y cómo distinguir ítems cognoscitivos "mejores" de otros "peores", esos son precisamente los científicos. Quizás ellos no son tan buenos a la hora de transformar este conocimiento tácito sobre la evaluación epistémica en conocimiento explícito (de hecho, cuando los científicos intentan explicar en qué consiste la "buena ciencia", tienden a hacerlo peor que los filósofos), pero lo importante no es lo que revela lo que ellos dicen, sino lo que ellos hacen, su *conducta* como científicos. Tenemos que concentrarnos, pues, en lo que esta conducta revela sobre cuáles son *sus* criterios de una "buena práctica científica". Pero ¿cómo hacerlo? De hecho, yo diría que todas las teorías que han sido propuestas por los filósofos para intentar explicar la naturaleza del conocimiento científico, sus virtudes y su progreso, y a partir de ahí cuáles son las reglas metodológicas de la "buena ciencia", han sido *refutadas* al mostrar que, en la práctica real, los investigadores a menudo no se comportan como se supone que deberían hacer si estuvieran persiguiendo aquellas virtudes. Por ejemplo, los científicos no son habitualmente "falsacionistas" ni "confirmacionistas", pero tampoco "anarquistas" ni seguidores estrictos de la metodología Lakatosiana. Una buena parte de los debates del último medio siglo entre diversas escuelas de filosofía de la ciencia ha consistido en mostrar mediante ejemplos históricos o de la práctica científica actual, que los científicos *no hacen* lo que alguna teoría filosófica asume que *deberían* hacer. Mi sugerencia es que, en estos debates, casi todos los que intervienen tienen razón cuando están criticando las tesis de los rivales (más o menos como suceden en la política), pero están parcialmente equivocados cuando proponen sus propias explicaciones de la práctica científica. De este modo, el resultado de estos debates debemos considerarlo nuevamente como un abundante corpus de evidencia empírica sobre cómo se practica la ciencia, corpus en el que intentar encontrar algunas regularidades sobre o que los científicos consideran de hecho "buenas prácticas epistémicas".

El hecho de que los científicos se comportan de modos muy diferentes, y a menudo contradictorios, no es un argumento en contra de este fin: en cada sociedad puede haber prácticas y normas que se contradicen, tanto porque la gente tiene intereses, valores y preferencias distintas, como porque se enfrentan a situaciones y restricciones diferentes cada vez. En el caso de la ciencia, no es necesario descubrir muchas normas que todos los científicos en todas las épocas y lugares hayan considerado adecuadas; también sería interesante mostrar que, cuando se dan ciertas condiciones *específicas*, entonces tales y cuales normas de "buenas prácticas" tenderán a aceptarse. Nuestro objetivo principal como estudiosos de la ciencia debería ser, una vez que hemos organizado la experiencia de esta forma, intentar responder la siguiente pregunta: ¿qué función de utilidad hipotética explicaría del mejor modo posible la aceptación de precisamente estas ideas de "buenas prácticas" en cada situación, por parte de los científicos reales? Cada modelo económico hace unos cuantos supuestos razonables sobre las preferencias de los agentes, y los modelos de teoría de juegos de la ciencia no serán en esto diferentes de los demás. Mi conjetura (que no es nada original, y sí muy simplificada) es que la función de utilidad del científico "típico" contiene dos elementos principales: un componente "social" y otro "epistémica". El componente social puede contener diversas variables (ingresos, control sobre recursos, intereses de clase, valores políticos o humanitarios, etc.), pero el más importante de todos ellos creo que es el *reconocimiento*: los científicos se esfuerzan por ser reconocidos por sus colegas como buenos practicantes, o incluso "excelentes", de sus disciplinas; esto crea un incentivo para para ponerse de acuerdo, dentro de una comunidad científica, sobre cómo definir una "buena práctica", es decir, sobre cuáles son "las reglas del juego", pues, a falta de un acuerdo así, el "reconocimiento" se vuelve directamente imposible. El problema (para los científicos más que para los filósofos de la ciencia) es: ¿qué criterios utilizar para elegir esas reglas? Creo que las reglas más generales, básicas o universales, es decir, aquellas que nos permiten decir que un determinado tipo de práctica social cuenta como "ciencia" y no como otra cosa, deben de ser bastante similares en todas las comunidades científicas, aunque puedan tener bastantes diferencias en los detalles, y no deben de sufrir grandes cambios con el paso del tiempo; por esta razón, al decidir aceptar estas reglas, los científicos no pueden tener en cuenta muchos de sus intereses "sociales", pues es prácticamente imposible determinar de antemano si la adopción de ciertas reglas metodológicas (del más alto nivel) afectará de un modo o de otro la probabilidad de que un individuo determinado obtenga más o menos reconocimiento. Dicho de otro modo, las reglas más básicas de la ciencia tienden a ser aceptadas "tras el velo de la ignorancia", por usar la famosa metáfora rawlsiana. Por ese motivo tiendo a pensar que son los elementos *epistémicos* (y no los sociales) de la función de utilidad de los científicos los que tendrán más peso en la elección de ese tipo de normas. En otros escritos he propuesto una función de utilidad epistémica que podemos llamar "verosimilitud empírica" como una representación conjetural e idealizada de las preferencias epistémicas de los científicos, pero no es este el lugar de discutirla con detalle.

4. La eficiencia epistémica y las instituciones científicas

Una cosa es *definir* en qué consiste la calidad científica de una teoría, modelo, etc., y otra muy distinta es *determinar* cómo de buena es esa teoría, etc., según aquella definición de calidad. Mi argumento de la sección anterior implica que tenemos que considerar a los científicos como nuestros mejores expertos sobre ambas cuestiones (aunque no nos *digan* a nosotros las respuestas: estas las tendremos que averiguar investigando su *conducta*), pero, incluso si ellos se ponen de acuerdo sobre qué hace que una teoría sea epistémicamente mejor que otra, ese acuerdo no garantiza por sí mismo que los resultados de la inversión que la sociedad hace en la ciencia vayan a tener necesariamente un nivel de calidad epistémica *elevado*. Esto dependerá de muchas otras variables, tales como el esfuerzo y el talento de cada científico, pero también de la *eficiencia de las instituciones científicas*. No me refiero aquí, en particular, a su eficiencia *económica*, sino a la eficiencia *epistémica*: ¿funcionan esas instituciones de tal manera que tienden a producir resultados de buena calidad? Para ilustrar de qué modo el enfoque de teoría de juegos puede ofrecer algunas respuestas a esta pregunta, examinaré brevemente los tres ejemplos que puse al final de la sección 2.

Estándares científicos: El proceso de elegir colectivamente un modelo, hipótesis, etc., como la solución correcta a un problema científico exige, como hemos visto, que la comunidad relevante se haya puesto de acuerdo sobre ciertos estándares que especifiquen el nivel mínimo de calidad epistémica que una "solución" debe tener para merecer serlo. ¿Elegirán los científicos un estándar "elevado", o más bien preferirán un estándar "bajo"? Por supuesto, esta pregunta sólo tiene sentido en comparación con algún criterio independiente de "altura", y el más obvio es el criterio contenido en las preferencias epistémicas de cada científico individual: supongamos que un científico que trabajase de manera aislada tuviera que decidir cuándo estará satisfecho con el número, la variedad y el rigor de las pruebas que una solución tiene que superar para ser aceptada *por él* como "la correcta"; este grado de calidad nos proporciona una especie de "marca" con la que comparar el resultado del estándar que ese mismo científico elegiría colectivamente en coordinación con el resto de miembros de su comunidad. Los modelos que he presentado sobre este tema muestran que, en el caso de que la investigación se organice institucionalmente como una especie de competición o "carrera por el reconocimiento", es razonable esperar que el estándar epistémico elegido colectivamente tenderá a ser más exigente que los estándares que cada científico preferirían de modo individual. Es decir, la búsqueda de "soluciones" en ambientes competitivos termina proporcionando a la sociedad soluciones que son *epistémicamente mejores* que las que se propondrían en un ambiente no competitivo. De hecho, quizás las soluciones sean a veces "demasiado" buenas, en el sentido de que nosotros, los ciudadanos, quizá preferiríamos que los científicos se esforzasen un poco menos por mejorar la calidad de esas soluciones, a cambio de que encontrasen soluciones (un poco peores) a más problemas. De todas formas, la consecuencia principal que podemos sacar de este análisis es que, desde un punto de vista epistemológico, no hay ninguna razón para afirmar que la búsqueda competitiva de reconocimiento lleva a los científicos a aceptar, por término medio, teorías que no son "lo suficientemente buenas" como conocimiento.

Elección de teoría: Como vimos en la sección 3, si la aceptación de una tesis por parte de un científico depende de cuáles de sus colegas también la aceptan, puede darse el caso de que más de un resultado sea "socialmente" posible. Por ejemplo, puede ocurrir que el que se acepte la hipótesis H por un 20% de los miembros de la comunidad sea un equilibrio (cada miembro está contento con su decisión, dadas las decisiones de los demás), pero también que lo sea el que la hipótesis sea aceptada por el 70% de los miembros (y que cualquier otro porcentaje *no* sea un equilibrio posible); en un caso así, cuál de los dos equilibrios tengan lugar de hecho, dependerá de causas históricas (o sea, de cuáles eran las situaciones de partida). Esto parece constituir una razón a favor de cierto grado de relativismo: el consenso científico es el que es, pero, *con la misma información y con las mismas relaciones sociales, podría haber sido otro*. De todas formas, es un relativismo bastante limitado, puesto que hay muchos más estados imaginables que no son un equilibrio que estados que sí que lo son. La situación es aún peor: también puede ocurrir que todos los miembros de la comunidad estén de acuerdo en que la hipótesis H' sea mejor que la hipótesis H (no hablo de hipótesis en competición, sino que cada una de ellas sea respuesta a un problema distinto), y en cambio H sea aceptada por muchos más miembros que H'. Digamos que en un caso así habría ocurrido una *ineficiencia epistémica*. Las buenas noticias son que también es posible probar que, a medida que una hipótesis ha haciéndose mejor (p.ej., porque se acumulan más pruebas a su favor), no sólo los grados de aceptación de equilibrio correspondientes a esa hipótesis se hacen mayores, sino que al final tiende a quedar solo uno, y muy elevado. Así pues, es posible que haya cierto grado de "relatividad" en el estado del conocimiento científico en un momento dado (al fin y al cabo, lo que llamamos "conocimiento" es en el fondo conjetural), pero el incremento de la información empírica puede ir haciendo disminuir esa relatividad.

La construcción de un hecho empírico: Supongamos que has llevado a cabo un experimento, y estás planificando cómo reflejarlo en un artículo. Hoy en día es una obviedad, en el campo de los *science studies*, decir que en un caso así, tendrás varias maneras distintas de hacerlo, pues los hechos "no hablan por sí mismos", sino que deben ser "interpretados". Por ejemplo, puedes reflejar tu trabajo como un descubrimiento muy importante, que fuerza a tu comunidad a buscar una nueva explicación para él y a revisar otras teorías, o puedes presentarlo como algo más o menos trivial. El problema es que, cuanto más "radical" sea la interpretación que elijas, menos "creíble" será, o sea, "peor confirmada" estará por los datos empíricos que puedas presentar a tus colegas. Como vimos más arriba, la mera existencia de más de una alternativa no implica que "todas valgan lo mismo": algunas de ellas serán "mejores" que otras desde el punto de vista epistémico de unos u otros científicos, mientras que otras serán "mejores" según las ventajas "sociales" que puedan proporcionar a cada uno. Esta *pluralidad* de evaluaciones no debe confundirse con algún tipo de "indiferencia radical": los modelos de teoría de juegos analizan precisamente aquellas situaciones en las que los individuos tienen intereses diferentes, y nos ayuda a analizar qué resultado colectivo se obtiene en esos casos; y comparando el resultado así determinado con el valor que otros resultados posibles habrían tenido para los propios individuos, el modelo también nos permite evaluar la *eficiencia* de esa interacción. Es decir, un resultado puede ser ineficiente en el sentido de que los propios científicos reconocerían que habrían preferido otro, sólo que, tal como funcionan sus instituciones, la interacción en la que han intervenido ha llevado al resultado primero. En el caso que analizo en los modelos a los que se refiere esta sección, lo que puede probarse es que se da un incentivo para que el autor de un artículo acabe decidiendo elegir una interpretación de sus resultados que es peor, desde el punto de vista epistémico de los lectores del artículo, que algunas otras interpretaciones que podía haber elegido. Es de esperar, por tanto, que los científicos tiendan a desarrollar instituciones que favorezcan el punto de vista de los lectores, o "usuarios", de los artículos, más que los de sus autores (no olvidemos que cada científico es más a menudo "usuario" de los artículos producidos por otros, que autor de artículos que otros colegas "usarán").

5. Conclusión

¿Es la ciencia "racional"? ¿Es el conocimiento científico "objetivo"? El enfoque de teoría de juegos sugiere que estas preguntas deberían ser reformuladas del modo siguiente: ¿Están los métodos e instituciones científicas diseñados –o han evolucionado– de manera "eficiente"? Y, ¿te parece *a ti* que los fines epistémicos de los científicos son adecuados? Si *tu* respuesta a la última pregunta es "sí", entonces una respuesta afirmativa a la primera cuestión debería ser suficiente para satisfacer (a un nivel razonable) nuestras posibles dudas sobre la racionalidad y la objetividad de la ciencia. Si la cuestión a la primera pregunta fuese negativa, entonces podríamos emplear el enfoque de teoría de juegos para intentar hallar dónde están fallando exactamente las instituciones científicas, y cómo podrían ser mejoradas. Por otro lado, si tu respuesta a la última pregunta es "no", o sea, si tú crees que los científicos deberían tener otros valores epistémicos distintos a los que de hecho tienen, entonces lo que tú *debes* en el argumento sobre la racionalidad de la ciencia es una explicación de cuáles crees que esos valores epistémicos *deberían* ser, y un conjunto de modelos de instituciones científicas que muestre cómo debería estar la ciencia organizada de manera que fuese eficiente en la consecución de *esos* valores epistémicos.

Agradecimientos

Este artículo se ha beneficiado de los proyectos de investigación PRX14-00007 y FFI2014-57258-P.

Referencias bibliográficas

Fernández Pinto, M. (2016). Economics Imperialism in Social Epistemology: A Critical Assessment. *Philosophy of the Social Sciences*, 46, 443-472.

Ferreira, J. L., and J P. Zamora Bonilla (2006). An Economic Theory of Scientific Rules. *Economics and Philosophy*, 22, 191-212.

Zamora Bonilla, J. P. (1999). The Elementary Economics of Scientific Consensus. *Theoria*, 14, 461-88.

Zamora Bonilla, J. P. (2002a). Scientific Inference and the Pursuit of Fame: A Contractarian Approach. *Philosophy of Science*, 69, 300-23.

Zamora Bonilla, J. P. (2006a). Science as a Persuasion Game. *Episteme*, 2, 189-201.

Zamora Bonilla, J. P. (2006b). Rhetoric, Induction, and the Free Speech Dilemma. *Philosophy of Science*, 73, 175-93.

Zamora Bonilla, J. P. (2007). Science Studies and the Theory of Games. *Perspectives on Science*, 14, 639-71.

Zamora Bonilla, J. P. (2011). The Economics of Scientific Knowledge. En U. Mäki (Ed.), *Philosophy of Economics. Handbook of the Philosophy of Science*, vol. 13 (pp. 759-798). Ámsterdam: Elsevier.

ArtefaCToS. Revista de estudios de la ciencia y la tecnología
eISSN: 1989-3612
Vol. 7, No. 1 (2018), 2ª Época, 155-173
DOI: http://dx.doi.org/10.14201/art201871155173

Miedo y riesgo tecnológico en el catastrofismo filosófico de Jean Pierre Dupuy y Paul Virilio

Fear and technological risk in the philosophical catastrophism of Jean Pierre Dupuy and Paul Virilio

Miguel ZAPATA CLAVERÍA
Universidad Nacional Autónoma de México
miguelzapataclaveria@hotmail.com

Recibido: 10/01/2018. Revisado: 18/01/2018. Aceptado: 25/01/2018

Resumen

En este trabajo se presentarán y evaluarán las tesis filosóficas de Jean Pierre Dupuy y Paul Virilio sobre el miedo que generan las consecuencias negativas derivadas de la puesta en marcha de algunos de los sistemas tecnológicos que dan forma al mundo contemporáneo. Si bien ambos autores ponen el énfasis en el potencial catastrófico de la tecnología, sus opiniones difieren al evaluar el papel del miedo como elemento obstaculizador o posibilitador de lo que a su juicio son las consecuencias devastadoras de la tecnificación del mundo. Mientras Dupuy asume la heurística del temor de Hans Jonas y, por tanto, comprende el miedo como una herramienta adecuada para evitar los peores futuros escenarios que podamos imaginar; Virilio desarrolla una crítica al control social que se ejerce mediante la detonación de temores colectivos que son propagados a través de las tecnologías de la información y la comunicación. Además, sus planteamientos también difieren en lo que respecta a la evaluación de los riesgos, pues si Dupuy recela de la que llevan a cabo los expertos mediante un cálculo de costo/beneficio; Virilio considera que la evaluación social está afectada por miedos irracionales que impiden detectar las verdaderas causas de los problemas tecnológicos.

Palabras clave: accidentes; catástrofes; expertos; sistemas tecnológicos; temor.

Abstract

In this work we will present and evaluate the philosophical thesis of Jean Pierre Dupuy and Paul Virilio about the fear generated by the negative consequences derived from the implementation of some of the technological systems that shape the contemporany world. While both authors place emphasis on the catastrophic potential of technology, their opinions differ in assesing the role of fear as an impeding or enabling element in the undesirable and devastating consequences of the global technification. While Dupuy assumes the fear heuristic of Hans Jonas and, therefore, understands fear as an adequate tool to avoid the worst future scenarios we can imagine; Virilio, on the other hand, develops a critique of social control exercised through the detonation of collective fears that are propagated through information and communication technologies. In addition, their approaches differ with regard to the evaluation of risks; because, if Dupuy is suspicious of the one carried out by the experts through a cost/benefit calculation, Virilio believes that social evaluation is affected by irrational fears that prevent the true causes of technological problems from being detected.

Keywords: *Accidents; Catastrophes; Experts; Technological Systems; Aprehensiveness.*

- ¿A qué se debe, Alfonse, que las personas decentes, bienintencionadas y responsables, se sientan intrigadas ante la catástrofe cuando la contemplan en la televisión?-le dije.

[…]

- Porque padecemos marchitamiento cerebral. Necesitamos una catástrofe de vez en cuando para interrumpir el incesante bombardeo de información.

[…]

- El flujo es constante-dijo Alfonse-. Palabras, imágenes, cifras, hechos, gráficos, estadísticas, motas, ondas, partículas. Tan sólo las catástrofes logran captar nuestra atención. Las deseamos, las necesitamos, dependemos de ellas. Siempre y cuando sucedan en otro lugar.

Don DeLillo. *Ruido de Fondo*

CATASTROFISTA?
claro que sí
pero MODERADO!

Nicanor Parra, *Ecopoemas*

Introducción: tecnología y catástrofe

La filosofía del s. XX estuvo marcada por una visión pesimista de la tecnología generada, tanto por la constatación de un progresivo abandono de las formas de vida tradicionales asociado a los nuevos contextos industriales y tecnológicos, como por el miedo provocado por el desarrollo de armas con la capacidad de acabar con una gran cantidad de vidas humanas en una sola operación relámpago.[1] Entre los pensadores más críticos con el mundo tecnológico se encuentran los discípulos de Heidegger, Hans Jonas y Günther Anders, quienes sistematizaron su obra filosófica a partir de la idea de que la tecnología constituye una fuerza deshumanizadora que pone en peligro las condiciones de una existencia auténticamente humana en la Tierra. Desde otra perspectiva, pero con un talante igual de pesimista, la escuela de Frankfurt (Adorno y Horkheimer, 1998; Horkheimer, 2002) pensó la tecnología como manifestación de una forma de racionalidad característica de la modernidad, la instrumental, orientada hacia el dominio de la naturaleza y los hombres. La relevancia e influencia de estas dos de las líneas de pensamiento sobre la técnica más representativas del s. XX pone de manifiesto el carácter tecnofóbico con que abordó la filosofía el ámbito de la praxis destinado a la transformación del mundo.

Actualmente, lejos del asombro que produjo la capacidad mortífera de la nueva instrumentación bélica, anclados en una modernidad desarraigada de la tradición y atemperado el riesgo de aniquilación nuclear que supuso la fragmentación mundial en dos bloques durante la Guerra Fría, la filosofía no ha perdido el interés por los peligros de la tecnología que llamaron con tanta fuerza la atención de los autores mencionados. La influencia de *Primavera Silenciosa* (Carson, 1962), en la que se advertía sobre los daños que estaba provocando el uso de pesticidas en las formas de vida silvestres, la proliferación de grupos críticos con la propagación al ambiente de diferentes sustancias químicas dañinas para la salud o los ecosistemas; accidentes nucleares como los de Three Mile Islands, Chernobil o Fukushima; estudios, como los de Molina, que mostraron una relación causal entre el aumento del agujero de la capa de ozono y la propagación a la atmósfera de compuestos clorofluorocarbonados (Olive, 2011, 47-59); o el desarrollo de tecnologías de modificación y transferencia genética que han revolucionado la agricultura y la medicina abriendo profundos debates sobre los beneficios y riesgos de la intervención tecnológica de los organismos biológicos, son una parte del conjunto de fenómenos técnicos que actualmente nutren una reflexión filosófica sobre la tecnología de corte apocalíptico. Dos de los autores que de manera más audaz han tratado el tema, Dupuy y Virilio, han dirigido su atención hacia el potencial catastrófico de la técnica contemporánea aportando sugerentes y contrapuestas tesis en relación al papel que juega el miedo en un contexto de creciente percepción del riesgo tecnológico. La comparación entre las ideas de ambos autores nos aportará algunas claves para comprender por qué el miedo generado por las imágenes de las catástrofes puede ser considerado, o bien la base

---

[1] Mitcham (1989) habla de dos tradiciones en la filosofía de la tecnología. La primera, desarrollada por ingenieros como Ernst Kapp y Friedrich Dessauer, trató el tema de la técnica desde la óptica optimista que imprime la confianza en el progreso. La segunda tradición, surgida de las humanidades, hizo una valoración del fenómeno técnico mucho más negativa. La tradición que se indica en el texto es esta última, ya que sus protagonistas tuvieron mucho más peso en la filosofía de la época que los ingenieros

sobre la que construir una reflexión que nos permita evitar las futuras consecuencias indeseables que son capaces de generar nuestros sistemas tecnológicos, o bien una emoción que nos impide elaborar un juicio razonable y que nos vuelve aún más vulnerables a las amenazas de la técnica.

1. El catastrofismo racionalista de Jean Pierre Dupuy

Jean Pierre Dupuy ha dedicado varios trabajos a reflexionar sobre las catástrofes en los que aborda el problema de los accidentes tecnológicos desde una perspectiva conceptual que afecta al núcleo de la concepción metafísica de nuestro mundo (Dupuy, 2002; 2005). Su punto de partida es el reconocimiento de que vivimos en una época de catástrofes que constituyen una amenaza para la supervivencia de la especie, lo que debería hacer replantearnos nuestros fundamentos éticos y metafísicos. Esta tesis continúa y reactualiza la defendida por Hans Jonas (1995), quien buscó un principio moral que sirviera para limitar un creciente poder tecnológico que ponía en peligro por primera vez la existencia de la vida humana en la tierra —al menos tal como la hemos conocido hasta ahora—. Los ecos de Günther Anders e Ivan Illich también son evidentes. Dupuy coincide con ambos en la tesis que de que el aumento de nuestras capacidades técnicas ha generado en la sociedad moderna una actitud de *hybris*, prepotencia y ceguera moral que nos impide practicar una forma de vida que imponga límites al poder técnico acaparado. Para el primero, la ceguera ante el inminente apocalipsis al que empuja la prosecución de determinados actos tecnológicos es causada por lo que denominó "desfase prometeico", esto es, la incapacidad de imaginar los devastadores efectos que tienen nuestras acciones. "[…] podemos producir más de lo que somos capaces de representarnos; el hecho de que los efectos resultantes de los instrumentos que nosotros mismos hemos producido son tan grandes que ya no estamos preparados para representárnoslos (Anders, 2011, 256).

En cambio, para Illich, de quien Dupuy fue colaborador, el origen de la *hybris* tecnológica reside en otro tipo de ceguera, consistente en no ser capaz de ver que el éxito de muchos de nuestros sistemas tecnológicos los vuelve ineficientes y causan más problemas que beneficios. Para Illich (1975, 1978), la incapacidad de comprender que muchas tecnologías se han vuelto no sólo ineficientes, sino peligrosas, sigue arrastrando a la sociedad a un uso desmesurado de éstas que puede llevar al colapso.

Dupuy, quien comparte el carácter pesimista de ambos autores, procede a hacer un diagnóstico de la situación actual que le lleva a analizar la importancia que se ha otorgado a la noción de riesgo como elemento teórico para entender y gestionar los peligros de la tecnología. El problema de nuestra época, a su juicio, es que pretendemos amortiguar las consecuencias indeseables de nuestras acciones técnicas, que se expresarían como daños irreversibles para el futuro humano y del planeta, mediante el uso de un concepto surgido de teorías matemáticas que trataban de calcular las probabilidades de ganar en distintos juegos de azar. Por ello, y para no seguir jugando "al poker con el clima futuro de la Tierra" (Dupuy, 2002, 19), sería necesario poner en cuestión los presupuestos del cálculo experto que prescribe una traducción de los valores que atribuimos a aquello que puede resultar dañado a unidades monetarias. Esto no sólo por la arbitrariedad que constituye la equiparación entre valor y precio, sino porque el pensamiento probabilístico, propio de los expertos, impide tomar realmente en serio las amenazas debido a que en él se mezclan dos lógicas incompatibles. (Dupuy, 2005, 23) Por un lado, la del cálculo económico de los evaluadores y la de la eficiencia como principio rector de la tecnología; por otro, la de la incertidumbre inherente a toda acción que incida en un entorno complejo y la de la irreversibilidad de los daños que pueden ser provocados al ecosistema. ¿Cómo podría —se pregunta Dupuy— la racionalidad propia de los especialistas afrontar una situación de amenaza que está transida por la incertidumbre? La respuesta pone al descubierto un acto de prestidigitación epistemológica, ya que la estrategia de gestores y evaluadores profesionales reside en transformar situaciones de incertidumbre en fenómenos susceptibles de control y cálculo, es decir, en riesgo. Dicha transfiguración artificial de la incertidumbre en riesgo implica evadir el hecho de que no es posible asignar probabilidades a eventos que, o bien sólo se producen una sola vez, o cuyas frecuencias son inobservables. Este método, además de resultar artificial y arbitrario, es inútil para comprender el impacto real de nuestras actividades en el ecosistema, pues en la mayoría de los casos no existen frecuencias observables y por tanto no se puede disponer de datos estadísticos. Ante estas situaciones de incertidumbre, los expertos, en vez de reconocer sus propias limitaciones cognitivas, prefieren asignar probabilidades de manera subjetiva. Sin esta asignación, las consecuencias de nuestras acciones seguirían percibiéndose y manejándose como lo que realmente son: incertidumbres.

El problema de esta atribución subjetiva de probabilidades es doble. En primer lugar, modifica la manera de abordar las amenazas, pues mientras la precaución constituiría la actitud adecuada para gestionar una situación de incertidumbre, la prevención lo sería para afrontar posibles hechos de los que se conoce su probabilidad de ocurrencia. Con la transformación arbitraria de la incertidumbre en riesgo, cualquier medida precautoria se disuelve en herramienta de prevención. El segundo problema, que no es considerado por Dupuy, se debe a que la asignación subjetiva de probabilidades es llevada a cabo por una comunidad de expertos. Esto hace que, de una situación de incertidumbre, en la que la ignorancia respecto a la probabilidad de ocurrencia de hechos catastróficos se reparte entre toda la población independientemente de los conocimientos que posea cada cual, se pase a una situación de riesgo establecida por los mismos expertos que se han encargado de asignar probabilidades. Con la consecuencia de que si la aceptabilidad del riesgo se basa en el cálculo de probabilidades en vez de en el potencial catastrófico de la tecnología, es la propia comunidad experta la que construye el terreno teórico que luego legitimará su estatus decisorio para gestionar ese riesgo. La elección metodológica de la evaluación de riesgos, por tanto, desemboca en estrategias preventivas en vez de precautorias y oculta la verdadera solución: desprenderse de un tipo de racionalidad que ha demostrado su incapacidad para manejar los problemas que ella misma ha creado.

Para Dupuy (2005, 101) además, tomar en cuenta los cálculos probabilísticos para gestionar situaciones de potencial catastrófico implicaría caer en la misma lógica burocrática que Hannah Arendt (1994) detectó en una de las mayores atrocidades del s. XX. La filósofa, corresponsal en el juicio de Eichmann, entendió que el encargado de llevar a los prisioneros del totalitarismo nacionalsocialista a los campos de exterminio no mostraba un exceso de maldad, sino una falta radical de pensamiento que se expresaba mediante justificaciones que apelaban a la necesaria subordinación de sus actos respecto a una empresa cuyos objetivos y métodos no eran cuestionables. Con esta controvertida comparación, Dupuy pone de manifiesto que la catástrofe que se cierne sobre la sociedad contemporánea tiene el mismo carácter que una de las mayores aberraciones político-morales del s. XX, pues la visión actual del apocalipsis no se sustenta en la creencia de que la humanidad se pueda autodestruir intencionadamente (por ejemplo, haciendo un uso bélico de su poder tecnológico), sino por la ignorancia de la sociedad respecto a las consecuencias de una utilización pacífica de la tecnología que, o bien causa accidentes catastróficos que suponen una disrupción radical en los acontecimientos cotidianos, o va afectando lenta pero continuamente la salud y el medioambiente por la emisión de contaminantes y residuos tóxicos. Y todo ello legitimado por métodos de evaluación de riesgos que no tienen la capacidad de hacer frente a la magnitud e irreversibilidad de los daños que pueden ser causados.

Una vez hecho el diagnóstico de la situación y desarrollada la crítica a la evaluación experta del riesgo, Dupuy analiza algunas estrategias utilizadas para evitar las consecuencias negativas de la tecnología: la del riesgo cero, la del peor escenario y la de la inversión de la carga de la prueba. La primera de ellas, que recomienda elegir cursos de acción completamente seguros, resultaría inadecuada una vez aceptado que en un mundo donde rigen la incertidumbre y la controversia científica no existe posibilidad de atribuir un riesgo nulo a cualquiera de las acciones que decidamos llevar a cabo. La falta de certeza nos impide establecer una predicción suficientemente confiable respecto a si alguna de las medidas de prevención que pudiéramos llevar a cabo va a evitar una catástrofe futura. Por otra parte, la medida de la carga de la prueba, por la que se insta a quienes pretenden implementar una tecnología a que demuestren su inocuidad, es acreedora del problema de los métodos de verificación señalado por Popper (1991, 238). Una teoría no puede ser verificable debido a que la existencia de muchos casos observados empíricamente que concuerden con las predicciones no asegura que la siguiente observación no pueda ser un la de un evento falsador. Por tanto, si alguien intentara, por ejemplo, defender la inocuidad de un determinado producto químico, vería limitada su pretensión, entre otros motivos, por el número de casos que hayan sido estudiados. En cambio, la hipótesis de la inocuidad podría ser falsada en cuanto un solo sujeto mostrara cualquier nivel de daño atribuido a la ingesta o exposición a la sustancia objeto de estudio. A pesar de este problema, Dupuy admite que, en caso de sospechar la ocurrencia de daños graves o irreversibles, sería preferible equivocarse por la imputación de nocividad en un falso positivo en lugar de por un falso negativo que provocara daños. En este sentido, la única estrategia sensata pasaría por llevar a cabo estudios que aseguren un nivel suficiente de inocuidad aun cuando sea de manera aproximada. Es decir, seguir con la inversión de la carga de la prueba exigiendo conclusiones sobre la inocuidad que no pretendan ser absolutas.

Sin embargo, donde se manifiesta realmente la originalidad de la propuesta catastrofista de Dupuy es en la crítica que lanza a la tesis del peor de los escenarios por la cual se recomienda evitar la peor de las consecuencias que pudieran derivarse de un determinado curso de acción técnica. Dupuy señala que regirse por la idea de que debemos evitar las peores posibles consecuencias de nuestras acciones no es una alternativa lo suficientemente fuerte para erigirse en un fundamento ético sólido y a la altura de los tiempos de catástrofe que vivimos. Esto porque, mientras la estrategia de evitar el peor posible escenario se basa en un modelo que concibe un árbol de posibilidades y probabilidades, a la perspectiva catastrofista le resulta insuficiente creer que algo se pueda producir. Por tanto, la alternativa que se propone para hacer realmente efectivo nuestro abordaje de los problemas que entraña la tecnología es un catastrofismo racional o "éclairé" basado en la idea de que hay que actuar como si se supiera con certeza que el acontecimiento catastrófico va a suceder. Así, dándole la vuelta a la expresión bergsoniana de que todo es a la vez probable e imposible, Dupuy desarrolla una tesis metafísica de carácter paradójico que permite pensar un evento como si fuera necesario y a la vez improbable:

> Antes de que la guerra estallase, ésta le parecía a Bergson como probable a la vez que imposible: idea compleja y contradictoria que persistió hasta el día fatal. La metafísica que propongo como fundamento de un tipo de prudencia adaptado a los tiempos de catástrofes no es menos compleja, aunque creo poder demostrar que no es contradictoria. Esta consiste en proyectar un tiempo posterior a la catástrofe y ver a ésta retrospectivamente como un evento a la vez necesario improbable. (Dupuy, 2002, 87)

El catastrofismo racional reactualiza así la heurística del miedo, una idea desarrollada por Jonas para sustentar un principio de responsabilidad que afirma que debemos obrar de tal forma que los efectos de nuestras acciones sean compatibles con la permanencia de una vida humana auténtica en la tierra. La subordinación de las decisiones a este principio tiene el objetivo de afrontar las amenazas tecnológicas para la supervivencia de la especie. Sin embargo, esta estrategia no sugiere dejarse llevar por un sentimiento de pavor ante la destrucción tecnológica; ya que se trata más bien de una emoción simulada de miedo, racionalmente establecida, que nos sirve para poner en marcha acciones orientadas a la supervivencia en tiempos en los que la vida de las generaciones futuras no está asegurada. En este sentido, la guía de acción que ofrece la heurística del miedo es tomar en serio una futura extinción y detener empresas tecnológicas sospechosas de poder provocarla. Dupuy, entonces, radicaliza la idea de Jonas despojándola de cualquier residuo posibilista, y sostiene que la única vía para hacer frente a un horizonte catastrófico es construir una ficción metafísica del tiempo en la que tenga cabida la fatalidad. La heurística del miedo, integrada a una nueva metafísica, permitirá fundar la ética del porvenir a la que nos obliga ese desajuste prometeico de nuestras capacidades que nos impide imaginar y prever todo el daño capaz de causar nuestra cada vez más poderosa competencia técnica.

Las características de este nuevo horizonte temporal son trazadas en contraposición a la idea tradicional que sostiene un concepto lineal del tiempo en el que el pasado se considera un ámbito fijo e irreparable y el futuro un horizonte de posibilidades abiertas. La concepción ortodoxa del tiempo, la propia del tiempo de la historia, es presupuesto por todas las acciones que tienen la intención de ser preventivas, pues el evento que se quiere prevenir es un acontecimiento posible que, en tanto no ha acontecido aún, podría no realizarse. El problema es que esta metafísica no nos capacita para creer de veras en la urgencia de actuar para detener la catástrofe. En tanto que ésta se perciba como simple posibilidad, se legitiman medidas de regulación orientadas a la no ocurrencia. Sin embargo, el carácter de incertidumbre irreductible de nuestras prácticas y su impacto en el entorno hace que sea imposible saber de antemano si las medidas correctivas serán eficaces. La complejidad de los ecosistemas, sumada a la de los sistemas técnicos que se acoplan a ellos en un sistema híbrido en el que ocurren interacciones cada vez más imprevisibles cercena cualquier posibilidad preventiva que pretenda evitar con seguridad el acontecimiento catastrófico. Por ello se torna necesario pasar del tiempo de la historia, ese tiempo donde el presente es inmutable y el futuro un abanico de posibilidades que se excluyen entre sí, a una nueva concepción del tiempo que no esté sometida a la linealidad y la irreversibilidad. En este nuevo tiempo, denominado el tiempo del proyecto (Dupuy, 2002, 201), la catástrofe, entendida como una fatalidad ya realizada, permite observar el presente desde el futuro para evitar el propio acontecimiento desde el que se mira. Para ejemplificar esta idea podría recordarse la campaña que lanzó con gran éxito retórico y mediático Greenpeace en 2009 para advertirnos sobre los peligros del cambio climático. En ella se presentaron carteles con imágenes de varios líderes mundiales envejecidos simulando estar en el año 2020 y pidiendo disculpas por no haber actuado contra el cambio climático. La campaña, al igual que el catastrofismo de Dupuy, invita a pensar el tiempo como un bucle donde el futuro tiene la capacidad de revertir el pasado para no acontecer[2]. En esta nueva concepción del tiempo, Hans Jonas vuelve a ser la referencia. Para Dupuy la función de Jonas fue la de ejercer como un profeta del infortunio que advierte de la fatalidad sabiendo que su mala nueva era un destino cuya realización dependía de la aceptación o el rechazo social de la profecía que estaba profiriendo. Las advertencias del profeta se hacen públicas precisamente para evitar que la profecía se cumpla. La fundación del catastrofismo sobre el tiempo del proyecto, un tiempo cíclico que se sitúa en la contemplación de un accidente venidero para evitarlo, depende de la figura del profeta para transformar nuestras políticas de prevención basadas en el riesgo en decisiones auténticamente prudentes frente a la fatalidad.

En definitiva, lo que confiere más fuerza argumental al catastrofismo racional es la idea de que no se puede actuar como si estuviéramos instalados en condiciones de riesgo, cuando realmente son de incertidumbre. Y puesto que la estrategia de asignación subjetiva de probabilidades encubre la verdadera situación de incapacidad previsora, la única solución sería hacernos cargo de la propia ignorancia y actuar como si la catástrofe fuera un destino. Sólo de este modo la humanidad podría actuar de una forma verdaderamente prudencial. Sin embargo, su solución adolece de tres problemas. En primer lugar, el tiempo del proyecto constituye una estrategia que pretende transformar una situación de incertidumbre real en un imaginario contexto determinista donde el acontecimiento futuro se vislumbra como algo que ocurrirá necesariamente. Esto, sin embargo, es susceptible de un reproche similar al que Dupuy hace a los expertos. Si es un error transformar la incertidumbre en riesgo asignando probabilidades a las posibles consecuencias derivadas de los distintos cursos de acción, no parece razonable convertirla en total certidumbre sobre el futuro. Dupuy justifica este movimiento alegando que actuar pensando que el peor escenario va a acontecer nos proporciona un recurso eficaz para evitar que suceda. Sin embargo, esta transformación de la incertidumbre en certeza podría servir para adoptar medidas que pretenden evitar un escenario que quizá no se produciría nunca, invisibilizando otras posibilidades, algunas de las cuales sí podrían ocurrir en el futuro. Por tanto, fijar la atención en el peor escenario y concebirlo como necesario, supone, además de evadir la incertidumbre, ocultar otras posibilidades que son susceptibles de materializarse provocando importantes daños. En este sentido, el uso de la noción de riesgo y la asignación de probabilidades, aun cuando constituyan recursos limitados para afrontar situaciones de incertidumbre, ponen en pantalla una variedad de posibles consecuencias que permitiría tomar decisiones mejor informadas.

---

[2] La novela Ruido de Fondo (DeLillo, 1994) presenta una situación ficticia que podría comprenderse en el marco del tiempo del proyecto descrito por Dupuy. En la novela se produce un escape tóxico y una de las consecuencias de la exposición a la nube contaminada es la aparición de situaciones de *deja vú*. La explicación de este fenómeno en la metafísica catastrofista no sería otro que se tiene la sensación de haber vivido ya ese acontecimiento de intoxicación porque el futuro era algo ya acontecido que no se había tratado de evitar.

Por otra parte, la propuesta de Dupuy cercena toda posibilidad de gestión democrática de la incertidumbre. Ninguna deliberación llevada a cabo mediante mecanismos democráticos aseguraría tomar una decisión que evite la fatalidad. Al igual que para Jonas, en Dupuy la solución parece pasar por paralizar cursos de acción tecnológicos sin tener en cuenta las opiniones ciudadanas ni las expertas. La fundamentación racional del catastrofismo legitimaría por sí sola esta decisión. El filósofo, en condición de tal, se atribuye este estatus y sólo tendría que hacer pública la mala nueva. Como el sabio de Platón que ha accedido a la luz de las Formas y vuelve para educar a quien sólo contempla las sombras de la caverna, el filósofo tendría la misión de ejercer de profeta del advenimiento fatal. Con la diferencia de que la inteligibilidad del mundo a que llega el raciocinio filosófico de Dupuy no es una esfera habitada por Formas, sino por un cúmulo de escenas futuras de accidentes, catástrofes y destrucción.

El tercer problema del racionalismo éclairé es que, al asumir la heurística de Jonas, defiende una estrategia de construcción racionalista del miedo que anula el potencial que poseen las verdaderas emociones públicas. El miedo real no se genera tras una reflexión en la que se concluye la conveniencia de tenerlo para evitar posibles catástrofes. En este sentido Dupuy parece olvidar que no se trata de que se deba sentir miedo para evitar la pérdida que ocasionaría un daño, sino que se teme porque se tiene la creencia de que algo valioso puede ser dañado. Es el verdadero temor, y no la construcción racionalista del miedo, lo que nos permite saber cuáles son las cosas importantes que deberíamos proteger. Por eso, la heurística del miedo, aunque se tome en serio los peligros que se ciernen sobre nosotros, resultaría menos eficaz para evitar daños que una expresión genuina del miedo. En definitiva, el elitismo del catastrofismo racionalista no aseguraría decisiones prudentes ni legítimas.

2. Accidente y miedo en Paul Virilio

El siguiente análisis sobre el carácter catastrófico de nuestra época es el de Paul Virilio, arquitecto y filósofo que ha abordado el fenómeno de la aceleración de los procesos de desarrollo tecnológico y sus implicaciones sociales y políticas (Virilio, 2006). En sus últimas obras, Virilio se ha centrado en los accidentes tecnológicos y el miedo que éstos provocan en las sociedades contemporáneas. Sus tesis no son menos originales que las de Jean Pierre Dupuy. Al igual que éste, es sensible a las consecuencias más perniciosas de algunos de los sistemas técnicos que configuran nuestra vida social. Sin embargo, también desconfía del miedo colectivo que la tecnología causa en la ciudadanía. Su análisis se instala en esta tensión: ¿Cómo es posible ser crítico con la tecnología por sus efectos nocivos y a la vez repudiar el miedo que éstos generan? Para tratar de contestar esta pregunta, Virilio parte de la idea de que la sociedad contemporánea alberga tal cantidad de hechos disruptivos catastróficos que se impone la necesidad de seguir un principio de responsabilidad que debería derivar de una reflexión sosegada de los accidentes. Esta invocación a la calma se explica porque la sociedad, a través de los medios de comunicación de masas, está expuesta a un flujo constante de imágenes de catástrofes y accidentes que, más que generar actitudes proclives a la prevención, provocan en realidad un miedo irracional que facilita la manipulación. El terrorismo, las pandemias, los accidentes, las sospechas de nocividad de algunos alimentos o la toxicidad de los vertidos industriales conforman el día a día de los teleciudadanos en los que nos hemos convertido y van creando una atmósfera de aversión a todo cuanto nos rodea. El miedo, por tanto, ha dejado de estar localizado en algún hecho concreto y esporádico y se ha transformado en pánico, un sentimiento que constituye el clima normal de la ciudadanía y que se desborda hacia todas las esferas de la vida. La tecnología (con sus consecuencias indeseables y su potencial bélico); sumada a la nueva dinámica social (que disminuye la fuerza vinculante de la familia y la condición de clase) han colocado al miedo y la inseguridad en el centro de la escena sociopolítica contemporánea. Sin embargo, la propagación de estos temores no ayudaría a evitar las verdaderas catástrofes, pues a juicio de Virilio el problema reside precisamente en que la reflexión filosófica -y en esto Jonas sería un ejemplo-ha asumido la idea de que el miedo es una emoción imprescindible para frenar el rumbo de los proyectos tecnológicos de los que se sospecha que pueden ocasionar daños de una magnitud considerable. En este sentido, si el temor ha sido considerado tradicionalmente como una emoción de la que había que desprenderse para llegar a una mayoría de edad ilustrada, ahora se comprende como un elemento necesario para salvaguardarnos de los peligros que acechan. El miedo, en definitiva, ha devenido una emoción celebrada por la filosofía que sirve de guía para sortear las constantes amenazas y dirigir nuestras acciones de manera cautelosa. Las siguientes palabras de Günther Anders ejemplifican esta apropiación filosófica del miedo:

> […] en comparación con la cantidad de miedo que nos convendría y que propiamente deberíamos sentir, somos simplemente analfabetos del miedo. Y si hay que aplicar un lema a nuestra época, lo mejor sería llamarla la época para la incapacidad para tener miedo (Anders, 2011, 255)

Virilio, respecto a esta cuestión, considera que quienes ven en la generación de miedo una virtud no aportan una buena justificación teórica. Por un lado, porque no ofrecen una explicación sobre las causas verdaderas del miedo, con lo cual tampoco están en condiciones de ofrecer soluciones eficaces; por otro, porque ese miedo se dirige a eventos particulares que se proyectan con el propósito de manipular a la sociedad, dejando sin comprender los efectos más problemáticos del desarrollo tecnológico. Para solucionar este déficit teórico, Virilio trata de dar una explicación que origine preocupación por lo que realmente merece ser temido y evite los temores recurrentes que no deberíamos tener. La base de esta explicación parte de la constatación de que la tecnología modifica el ritmo y la velocidad del mundo. Esto ha sucedido con el desarrollo de sistemas de transpor-

te cada vez más veloces que han transformado la estética, estructura y funcionamiento de las ciudades; y con la aparición de nuevas tecnologías de la información capaces de transmitir imágenes y sonidos a todos los confines del mundo
de manera simultánea. La tecnológica ha adquirido tres características que eran
propias de la divinidad: la ubicuidad, el poder y la instantaneidad (Virilio, 2012,
51) La reducción de horas que uno tarda en llegar a las antípodas del planeta, la
visualización de hechos que ocurren a miles de kilómetros de distancia o la interacción simultánea con distintos lugares, ha supuesto un empequeñecimiento del
planeta y una modificación de nuestra comprensión espacio-temporal.

   La ruptura de las fronteras, lejos de ser valorada como una ventaja, debería
constituir para Virilio un motivo de preocupación, ya que la estrechez del espacio
genera desasosiego ante la pérdida de magnificencia de la Tierra. Con el agravan-
te de que la comunicación a distancia ha hecho perder a los individuos el contacto real con el otro convirtiéndonos a todos en seres corporalmente desapegados
que pasan la mayor parte de su tiempo en un mundo fantasmagórico y virtual
(Virilio, 1997, 50) Es cierto que este diagnóstico pesimista, si bien es sensible
a muchas patologías y problemas que se manifiestan con las nuevas formas de
interacción social, no reconoce el potencial de vinculación que posee la red al
permitir de manera sencilla y rápida articular comunicaciones entre individuos
con intereses sociales, culturales o políticos similares que luego se encuentran y
tienen incidencia en el mundo real. No obstante, omitir este potencial político
le permite afirmar que en la época de las relaciones virtuales se está produciendo
una pérdida del sentido de la *polis* debido a que los vínculos interpersonales están mediados por escenas propagadas por las tecnologías de la información que
provocan reacciones emocionales perjudiciales para los debates democráticos. En
este sentido, para Virilio la velocidad impuesta por la tecnología hace ingenua
cualquier propuesta de mejora en los procesos de toma de decisiones democráticas que esté basada en el uso de los medios de comunicación. Esto porque la
tiranía contemporánea se expresa en el tiempo acelerado en que vivimos y que es
producto del ritmo vertiginoso con que se propaga el cúmulo de informaciones
que recibimos. El ciudadano, voluntariamente sumergido en un ámbito virtual,
recibe tal cantidad de datos e informaciones que se torna difícil su procesamiento racional. Este hecho, junto a la pérdida de contacto con otros en los espacios
físicos de la *polis*, pone en peligro la democracia, ya que ésta requiere de procesos
de vinculación social deliberativos donde se expongan una pluralidad de puntos
de vista razonados. Hemos entrado, por tanto, en la segunda etapa de la disolución de la comunidad política provocada por la comunicación de masas. En la
primera etapa, con la entrada en escena de la prensa y la radio, lo que se proyecta
es la palabra y el discurso. Entonces la ciudadanía pudo recibir información sobre
diferentes eventos del mundo que de otra forma no se hubieran conocido aun
cuando estuviera mediada por la interpretación que de ellos hiciera el canal o la
editorial de turno. Esta situación transformó el espacio político contemporáneo.
Por un lado, se abrieron canales de información que dieron impulso a un ideal

republicano basado en la idea de que la ciudadanía debe tener conocimiento sobre diferentes asuntos públicos de relevancia. Por otro, con la proyección de la interpretación de las líneas editoriales hegemónicas, se produjo una homogeneización y polarización de las opiniones. El hecho de que la mayor parte de la ciudadanía desayune con el mismo periódico y coma viendo el mismo noticiero provoca una sincronicidad de las opiniones que es aprovechada para dirigir las voluntades políticas. Esta etapa, sin embargo, ha quedado actualmente desfasada con el desarrollo de las tecnologías de la información y la comunicación. Esta nueva fase en la que estamos inmersos constituye, a juicio de Virilio, una fase postrepublicana más expuesta a los peligros del condicionamiento conductual. La televisión, aún predominante como medio de entretenimiento e información, ya no está orientada exclusivamente a la proyección de discursos que aumenten el proselitismo político. El objetivo ahora es el de transmitir una gran cantidad de imágenes catastróficas para homogeneizar los afectos. El televidente, sometido a una vorágine de escenas de horror repetidas hasta la saciedad, reacciona ante ellas de una forma predominantemente emocional. Y como los medios tienen la capacidad de transmitir estas imágenes de manera simultánea a todo el planeta, se logra una sincronicidad mundial de las emociones. Para sostener esta tesis, Virilio (2012, 55) recuerda el tratamiento que se le dan a algunas acciones terroristas. Por ejemplo, después del atentado contra las Torres Gemelas, el mundo estuvo expuesto a unas imágenes que se repetían de manera ininterrumpida: la del avión estrellándose contra el edificio que pocos minutos después colapsaba. Esta escena ineludible del imaginario colectivo de la contemporaneidad absorbió todas las miradas y generó una comunidad de emociones sincronizadas que propiciaron el respaldo popular para la invasión de Irak. Lo que se quiere mostrar con ejemplos como éste es que la reiteración de imágenes con tintes apocalípticos instala a la sociedad en el mismo universo de emotividad. Y si bien es cierto que esta situación puede resultar provechosa, como cuando la visión de una catástrofe pone en marcha un auténtico movimiento de solidaridad hacia las víctimas, las oportunidades que se abren para el control poblacional deberían hacer considerar con más profundidad el asunto. La modificación de la voluntad colectiva mediante la proyección de una catástrofe se logra gracias a mecanismos de administración del miedo:

> Lo que creo es que, ante todo, nos enfrentamos a una situación de emergencia provocada por un verdadero delirio colectivo que está, a su vez, reforzado por la sincronización de las emociones, es decir, por la súbita globalización de los afectos en tiempo real que golpea a la humanidad en el mismo instante. Y este ocurre en el nombre del Progreso. *Emergency exit*: estamos en la era del pánico generalizado. (Virilio, 2012, 92)

Con la administración del miedo por los medios de comunicación, la sociedad descubre que hay buenos motivos para sentir aversión a ciertas tecnologías, pero queda incapacitada para tomar medidas realmente efectivas para erradicar las causas que la provocan. La catástrofe, expuesta por las tecnologías de la comunicación, oculta el hecho de que es la misma naturaleza de la tecnología la que provoca la catástrofe. Los medios de comunicación siguen la misma lógica que el resto de tecnologías por las que se siente aversión. Como los sistemas de transporte transcontinentales, su incidencia en el mundo tiene alcance universal. Además, a la presentación mediática de la catástrofe le subyace una lógica de afirmación del progreso que impide siquiera concebir que éste sea el origen del problema. La emotiva reacción inicial a la secuencia de catástrofes proyectadas limita las posibilidades de una crítica seria porque siempre se buscan soluciones técnicas para resolver los problemas. En definitiva, lo que la proliferación de imágenes y la reacción emotiva e irreflexiva ante éstas impide comprender es que se está fomentando la misma lógica inherente a la idea de progreso para mitigar las consecuencias perniciosas del crecimiento, el desarrollo y la eficacia técnica.

Una vez diagnosticado el verdadero problema, Virilio recomienda no dejarse avasallar por la exposición continua de imágenes como medida para evitar ese sentimiento de pánico generalizado sincronizado que es aprovechado por las diferentes instancias de poder para dirigir las conductas. Su propuesta para evitar este control psicopolítico es replantear el tema del accidente y colocarlo en el candelero de la reflexión social. De esta manera se explica que la obra teórica de Virilio haya sido acompañada de una exposición artística, presentada en la Foundation Cartier de París, en la que se presentaban diferentes imágenes de catástrofes industriales y tecnológicas. La primera duda que podría suscitar el hecho de poner en el centro de atención el tema del accidente a través de una especie de museo de los horrores es si no está haciendo precisamente aquello que se critica, es decir, mostrar a los ojos del público situaciones dramáticas que provocan reacciones emotivas poco propensas para salir de la situación de vulnerabilidad política y abandonar la ideología del progreso. Sin embargo, la diferencia entre la proyección mediática del horror tecnológico y la presentación museística del accidente parece sustancial. Al sacar la catástrofe de los medios de comunicación y colocarla en un espacio artístico y de reflexión se pretende evitar las reacciones inmediatas e impulsivas para, en su lugar, detonar un análisis sobre los horrores tecnológicos. El abordaje reflexivo del accidente serviría para hacer comprender que la naturaleza de la técnica es tal que con su aparición emerge de manera irrevocable el error. De esta forma, el miedo, que sólo consigue imprimir más velocidad a la tecnología en una huida hacia delante, dejaría su lugar a una crítica racional y sosegada de la tecnología que evidenciaría las causas reales de los accidentes.

La constatación de que a todo sistema tecnológico siempre le ha acompañado un tipo de accidente, y de que cuanto mayor ha sido el potencial técnico más cantidad de destrucción ha provocado, lleva a Virilio a pronosticar la inevitable irrupción de una fatalidad en ámbitos tecnológicos respecto a los cuales aún no hay evidencia, o al menos existe controversia, sobre su potencial destructivo. En este sentido, su tesis es igual de fatalista que la de Dupuy. Para ambos el mundo tecnológico parece ser percibido como una gran fábrica de catástrofes. Sin embargo, mientras Dupuy señala que la catástrofe va a acontecer precisamente por nuestra obtusa forma de tratar de evitarla, Virilio pone el acento en el hecho de que es el éxito y la aceleración de la tecnología lo que pone en marcha intervenciones con mayor capacidad de devastación. En este sentido, el acortamiento de las fronteras espaciales y la universalización de algunas líneas de acción tecnológica abrirían las puertas a un nuevo tipo de accidente, el accidente total o integral (Virilio, 2005, p.59) Ya no se trataría de que los efectos no deseados de un sistema técnico se desborden a algunos ámbitos contiguos, como cuando se vierten residuos de una central química que contaminan un acuífero cercano, sino de que los efectos provocados por sistemas conectados a escala planetaria afectarían a todo la humanidad sin distinciones de nacionalidad. Para Virilio, por tanto, el alcance global de sistemas cada vez más interconectados entre sí lleva aparejado un próximo accidente fatal con consecuencias de elevada magnitud. Ante esta perspectiva fatalista, la solución no puede pasar por desarrollar tecnologías más eficientes, ya que así sólo se continuaría en la línea de legitimación de una idea de progreso orientada a la generación de innovaciones que logren paliar los efectos no deseados de la tecnología usada hasta el momento. Por el contrario, si se logra comprender que cada sistema trae aparejado un nuevo tipo de catástrofe y que la velocidad y el estrechamiento del mundo entraña la posibilidad de un accidente total, la actitud razonable y prudente sería la de intentar devolverle el ritmo al mundo poniendo freno al ímpetu desarrollista de la sociedad contemporánea.

Respecto a la consideración de los riesgos, la posición de Virilio pareciera coincidir con la de aquellos que muestran aversión hacia la tecnología; sin embargo, sus opiniones sobre la propagación del miedo lo acercan a algunas opiniones recurrentes de los expertos en evaluación de riesgos. Con estos últimos coincide en señalar que la sobrecarga de imágenes de catástrofes provoca una reacción emotiva que impide una interpretación racional de los verdaderos peligros. En este sentido, parte de su discurso filosófico sobre el miedo no hace más que recordar la importancia que tiene un fenómeno ampliamente analizado por psicólogos sociales especializados en la percepción y evaluación pública del riesgo, el de la heurística de la disponibilidad (Tersvy y Kahneman, 1974; Slovic, 2000, p.106-107; Sunstein, 2006, 13,). Este fenómeno se produce cuando se tiene una aceptabilidad baja y se atribuye una probabilidad mayor a un riesgo que está implicado en situaciones sobre las que tenemos algún recuerdo. La heurística de la disponibilidad es detonada por la importancia otorgada a las experiencias pasadas o por la proyección mediática de catástrofes, accidentes o enfermedades. Cuando la televisión transmite las imágenes de una explosión en una refinería petroquímica o la evacuación masiva producida por un accidente como el de Fukushima, la percepción social de los riesgos de sistemas tecnológicos similares sufre un significativo aumento durante los días o meses siguientes, que va diluyéndose conforme pasa el tiempo. La disponibilidad, por tanto, está vinculada a los medios de comunicación. Así, si existen algunas causas de muerte con gran cobertura mediática, éstas se tienden a sobreestimar. Al contrario, si algunas enfermedades o causas de muerte no son publicitadas, se tenderá a subestimar la probabilidad de su ocurrencia. La heurística de la disponibilidad está conectada con otros fenómenos psicosociales. Uno de ellos es el de la cascada de la disponibilidad (Kuran y Sunstein, 1999, 683-768), consistente en la replicación de una noticia sobre alguna tragedia que va adquiriendo cada vez mayor nivel de dramatismo e importancia para la opinión pública. De esta forma, la noticia de un evento, aunque sea estadísticamente insignificante, puede ir condicionando la opinión pública en función del número de repeticiones y el grado de dramatismo con la que sea proyectada. Estas situaciones hacen que las opiniones y preferencias de la gente sean condicionadas por noticias o rumores que se propagan como un reguero de pólvora. Además, si los recuerdos son vívidos y ricos en detalles, la probabilidad asignada a la ocurrencia de un evento similar será mucho mayor que si los recuerdos no vienen acompañados de imágenes impactantes.

Como puede apreciarse, las tesis de Virilio son congruentes con las conclusiones extraídas de los estudios sobre percepción de riesgo. Sin embargo, sus propósitos difieren radicalmente de aquellos que esgrimen estos fenómenos psicológicos para criticar la falta de confianza que muestra la sociedad en la evaluación de los expertos. Porque si de lo que se trata es de mitigar los temores causados por la sobrecarga de imágenes, no es para avalar una evaluación experta del riesgo que prescinda de la ciudadanía y esté basada en la cuantificación, la estadística y el cálculo probabilístico; sino para ejercer una crítica al desarrollo tecnológico y fomentar un pensamiento crítico-filosófico sobre la catástrofe que vaya a la raíz del problema:

> Ahora bien, creo que no podemos tratar nuestro porvenir ni nuestra historia en términos exclusivamente cuantitativos, ya que, cuando actuamos así, en cierto sentido estamos abandonando la historia. Si nos limitamos a examinar los problemas desde un punto de vista cuantitativo, nos vemos paradójicamente conducidos a vislumbrar soluciones que rompen de manera radical, y esta vez cualitativamente, con nuestra verdadera vida. (Virilio, 2012, 75)

La racionalidad de los expertos, por tanto, no estaría en condiciones de ofrecer soluciones para contender con el horizonte catastrófico que se elucubra con la velocidad impuesta por el desarrollo tecnológico, ya que la única manera de reducir el sentimiento de temor es ejerciendo una crítica a la idea de progreso que conduzca al freno del desarrollo. Sólo así se vislumbraría la posibilidad de que la sociedad deje de estar sometida al uso de tecnologías que estrechan los límites espaciotemporales y tome medidas eficaces para evitar la catástrofe. Estas tesis de Virilio sobre la catástrofe son sugerentes e invitan a pensar las consecuencias psicológicas y políticas generadas por la velocidad que imprime a la vida la tecnología contemporánea. Sin embargo, adolecen de problemas importantes. Su interés en desviar los miedos infundados hacia lo que realmente debe ser temido le impide reconocer que podría haber expresiones de temor genuinas hacia diferentes sistemas tecnológicos que no sólo no estuvieran afectadas por una sobrecarga emocional que deteriora el juicio, sino que podrían provenir de percepciones basadas en conocimientos y experiencias legítimas. Por otra parte, al igual que en el caso de Dupuy, su dictamen negativo hacia las evaluaciones expertas de riesgo le impide reconocer que son una vía limitada pero útil para tomar decisiones en materia tecnológica basadas en nuestro mejor conocimiento disponible. En definitiva, su obsesión por los problemas que genera la velocidad le lleva a prescindir de recursos valiosos, tanto en lo que respecta a la percepción pública del riesgo como a la evaluación experta, para evitar riesgos derivados de la tecnología.

Conclusión

El análisis que se ha llevado a cabo en este trabajo sobre las tesis desarrolladas por Virilio y Dupuy sobre el miedo, el riesgo, la catástrofe y los accidentes ha puesto de manifiesto algunas coincidencias y diferencias sustanciales. Entre las similitudes podemos destacar que ambos: 1) asumen una visión tecnofóbica que pone el foco de atención en las consecuencias indeseables de la tecnología; 2) comparten una estrategia teórica de corte escatológico que hace de la predicción apocalíptica un recurso imprescindible para tratar de evitar accidentes y catástrofes tecnológicos; 3) defienden un análisis crítico-racional no cuantitativo para interpretar el problema de los accidentes y poder concretar acciones regidas por la prudencia. Las diferencias, no obstante, también son profundas. Mientras que para Dupuy el medio más efectivo para evitar una futura catástrofe es adoptar la heurística del miedo, Virilio afirma que la velocidad de los procesos tecnológicos origina un miedo colectivo que, administrado para controlar a la población, no consigue frenar los sistemas de producción científica y aplicación técnica, sino que, por el contrario, acelera más su desarrollo. En este sentido, si para Dupuy, seguidor en esto de Jonas, la imagen del peor escenario (no posible, sino necesario) es la herramienta más poderosa para evitar los acontecimientos catastróficos, para Virilio el verdadero problema se crea por el exceso de miedo que origina la visualización mediática de la catástrofe. Por último, respecto a la noción del riesgo sus tesis también divergen, pues, aunque ambos desarrollen una crítica a las evaluaciones expertas, Dupuy no acepta como legítima ni útil la noción de riesgo y omite la posibilidad de una evaluación democrática para evitar futuros daños; mientras que Virilio añora una verdadera comunidad política que pueda afrontar el problema de la catástrofe sin estar afectada por miedos que desvían la atención de lo importante. Estas diferencias, no obstante, motivan a seguir pensando los problemas del mundo tecnológico y nos hacen sospechar que los conceptos de "democracia" y "miedo" deberían constituirse como los ejes que delimiten el marco de interpretación de una sociedad que se percibe a sí misma al borde de una inminente catástrofe.

Referencias bibliográficas

Adorno, Theodor y Max Horkheimer (1998). *Dialéctica de la Ilustración*. Madrid: Trotta.

Anders, Günther (2011). *La obsolescencia del hombre*, vol. 1. Valencia: Pre-Textos.

Arendt, H. (1994). *Eichmann in Jerusalem: A report on the banality of evil.* New York, N.Y., U.S.A: Penguin Books.

Carson, Rachel (1962). *Silent Spring*. Boston, Massachusetts: Houghton Mifflin Company.

DeLillo, Don (1994). *Ruido de Fondo*. Barcelona: Seix Barral.

Dupuy, Jean Pierre (2002). *Pour un catastrophisme éclairé*. Paris: Éditions du Seuil.

Dupuy, Jean Pierre (2005). *Petite métaphysique des tsunamis*. Paris: Éditions du Seuil.

Horkheimer, Max (2002). *Crítica de la razón instrumental*. Madrid: Trotta.

Illich, Ivan (1975). *Némesis Médica*. Barcelona: Barral Editores.

Illich, Ivan (1978). *Energía y equidad*. México D.F: Editorial Posada.

Jonas, Hans (1995). *El principio de responsabilidad*. Barcelona: Herder.

Kuran, Tim y Cass Sunstein. (1999). Availability Cascades and Risk Regulation. *Stanford Law Review*, 51(4), 683-768.

Mitcham, Carl (1998). ¿Qué es la filosofía de la tecnología? Barcelona: Anthropos.

Olivé, León y Ruy Pérez Tamayo (2011). *Temas de ética y epistemología de la ciencia: diálogos entre un filósofo y un científico*. México: Fondo Cultura Económica.

Popper, Karl (1991). *Conjeturas y refutaciones*. Barcelona: Paidós.

Slovic, Paul (2000). *The perception of risk*. Londres: Earthscan.

Sunstein, Cass (2006). *Riesgo y razón: Seguridad, ley y ambiente*. Buenos Aires: Katz.

Tervsky, Amos y Daniel Kahneman (1974). Judgement under Uncertainty: Heuristics and Biases. *Science*, 185(4157), 1124-1131.

Virilio, Paul (1997). *El cibermundo: la política de lo peor*. Madrid: Cátedra.

Virilio, Paul (2005). *El accidente original*. Madrid: Amorrortu.

Virilio, Paul (2006). *Speed and Politics*. Los Ángeles: Semiotex(e).

Virilio, Paul (2012). *La administración del miedo*. Madrid: Pasos Perdidos.

ArtefaCToS. Revista de estudios de la ciencia y la tecnología
eISSN: 1989-3612
Vol. 7, No. 1 (2018), 2ª Época, 175-190
DOI: http://dx.doi.org/10.14201/art201871175190

Dilemas de la enseñanza de la filosofía[*]

Dilemmas of Teaching Philosophy

Olga POMBO
Universidad de Lisboa
opombo@fc.ul.pt

Recibido: 09/11/2017. Revisado: 06/01/2018. Aceptado: 25/01/2018

Resumen

Partiendo de la confrontación entre la posición de Spinoza y Descartes sobre la enseñanza de la filosofía, la relación de la filosofía con su método y la forma adecuada de comunicarla, en este artículo se quiere caracterizar el dilema fundamental que atraviesa a la enseñanza de la filosofía. A continuación, se abordará la forma en que se puede pensar la enseñanza de la filosofía como algo constitutivo a ella misma o como un complemento secundario.

Palabras clave: filosofía; enseñanza de la filosofía; método filosófico; Spinoza; Descartes; escritura; expresión hablada y heurística.

Abstract

In this paper we will characterize the fundamental dilemma that crosses the teaching of philosophy taking into account the confrontation between Spinoza and Descartes positions about teaching philosophy, the relationship of philosophy with its method and the proper way to communicate it. Thereafter, we will approach the way in which teaching philosophy can be analized as something constitutive of philosophy or as a secondary element.

Keywords: *Philosophy; The Teaching of Philosophy; Philosophical Method; Spinoza; Descartes; Writing; Spoken Expression; Heuristics.*

---

[*] Una versión de este texto fue publicada (en portugués) en I. Marnoto (org.), *Didáctica de la Filosofía*, vol. 2, Lisboa: Universidad Abierta, 1990, pp. 7-30.

Resumo

Partindo do confronto entre a posição de Spinoza e de Descartes sobre o ensino da filosofia e sobre a relação da filosofia com o seu método e com a forma adequada da sua comunicação, procuramos caracterizar o dilema fundamental que atravessa o ensino da filosofia. Num segundo momento, procuramos pensar de que modo o ensino da filosofia pode ser pensado como constitutivo da própria filosofia ou como seu complemento secundário.

Palavras-chave: Filosofia; Ensino da Filosofia; Método da Filosofia; Spinoza; Descartes; Escrita; Fala e Heurística.

I. Filosofía y método

1. Spinoza y la enseñanza de la filosofía

En una carta fechada el 30 de marzo de 1673 y dirigida al poderoso e ilustrísimo Señor Ludovico Fabritius, profesor de la Academia de Heidelberg y Consejero del Elector Palatino, Baruch de Spinoza rechaza, en los siguientes términos, la oferta de una cátedra de filosofía en la Universidad de Heidelberg que, a través de Fabritius, le era ofrecida por el elector a condición de que su magisterio no perturbara la religión públicamente establecida. Dice Spinoza:

> Si alguna vez quisiera aceptar el cargo de profesor en alguna facultad, no podría escoger mejor que aquella que, por vuestro intermedio, me ofrece el elector Palatino, sobre todo por la libertad de filosofar que el clementísimo príncipe se digna conceder, por no hablar de cuánto me gustaría vivir bajo el gobierno de un soberano cuya sabiduría es causa de admiración universal, pero, como nunca tuve intención de enseñar en púbico, no me es posible aceptar esta magnífica oportunidad (...) Pienso, en primer lugar, que tendría que abandonar la investigación filosófica si quisiera dedicarme a la instrucción de la juventud. Y, además, creo no conocer los límites a que debe restringirse mi libertad de filosofar para que no parezca que quiero perturbar la religión establecida.

Más adelante, escribe Spinoza:

> Si, llevando una vida retirada y solitaria, he sido ya víctima de ciertas actitudes (lea, de desvirtuamiento y condenación), mucho más temibles serían si yo ascendiera al lugar que me ofrecéis. Ved, pues, gran Señor, que me no me guía la esperanza de una mejor fortuna

pero sólo el amor a la tranquilidad que creo poder conservar de algún modo, absteniéndome de lecciones públicas (Correspondência, XLVIII, subrayados nuestros).

De esta forma espléndida y solemne, Spinoza defiende pues la existencia de una radical incompatibilidad entre la actividad de investigación y el acto de enseñanza de la filosofía en instituciones públicas universitarias —"tendría que abandonar mi investigación si quisiera dedicarme a la instrucción de la juventud"—. Y esto por razones derivadas de la actividad propia de la investigación filosófica.

Como cualquier otra institución social, la universidad implica obediencia y coerción —"las Universidades (escribe Spinoza en el *Tratado Teológico-Político*, VIII, 49), fundadas a costa del Estado, son instituidas menos para el cultivo del espíritu que para su restricción"—. Incluso un príncipe como es el elector Palatino, cuya sabiduría es causa de universal admiración y que se digna conceder al profesor una gran libertad de filosofar una vez que pone una sola condición: "no perturbar la religión públicamente establecida", impone, con esa misma y, la única condición, la obediencia a una doctrina. Digamos que, para Spinoza (y ésta en orden es una primera razón de su renuncia), las instituciones universitarias siempre tienen exigencias doctrinales frontalmente contrarias a la independencia y libertad del filosofar.

Pero ¿cuáles son las condiciones necesarias para el ejercicio de esa libertad del filosofar? En las propias palabras de Spinoza, "una vida retirada y solitaria", que "no guía por la esperanza de una mejor fortuna, pero sólo por el amor a la tranquilidad" y que, por tanto, se abstiene de "lecciones públicas". Se reconocerá aquí aquel conjunto de virtudes —humildad, pobreza, coraje, vida solitaria, independencia, libertad— que, de forma ejemplar, Spinoza cultivó a lo largo de su vida de filósofo, enteramente dedicada a la búsqueda de la verdad. Este conjunto de virtudes que claramente se inscribe en aquella tan difundida imagen del filósofo decisivamente cerca del asceta, del eremita que abandona la cueva —el grupo social del que forma parte, pero de cuyos límites no es prisionero— persiguiendo un destino solitario de libertad, en el caso de los problemas humanos (demasiado humanos) de los habitantes de la ciudad[1].

Sin embargo, es posible reconocer aquí la presencia de un segundo tipo de razones explicativas del rechazo de Spinoza a ofrecer lecciones públicas de filosofía. Además de las que se refieren al carácter limitativo y doctrinal de las instituciones de enseñanza, es decir, aunque el clementísimo Príncipe no planteara ninguna clase de condición limitadora a su magisterio, aun así Spinoza seguiría abogando por la existencia de una incompatibilidad radical entre la misma investigación

---

[1] A este respecto, véase el enfrentamiento establecido por Deleuze (1969: 152-158) entre "tres imágenes de filósofos": los que ejecutan una orientación ascendente del pensamiento (Platón), los que viven en la fascinación de la profundidad (Empédocles) y los que se sitúan al nivel horizontal del acontecimiento (Estoicos).

y la enseñanza de la filosofía: la primera (investigación filosófica) es una actividad esencialmente solitaria, la segunda (enseñanza de la filosofía) es pública; la primera implica tranquilidad, la segunda suscita y desarrolla la polémica; la primera supone una conversión del pensamiento sobre sí mismo, un recogimiento y desdoblamiento en la dirección de una interioridad meditativa independiente, se construye en un itinerario personal únicamente orientado por la búsqueda de la verdad, obediente sólo a las determinaciones internas del propio desarrollo expresivo de esa verdad; la segunda implica una atención al otro y a los procedimientos retóricos que son necesarios utilizar para obtener el consenso de un auditorio frente a las tesis y argumentos presentados.

Dicho de otro modo, más allá de las (primeras) razones que se refieren a la naturaleza de las instituciones de enseñanza —razones que, podemos admitirlo, son circunstanciales o históricas—, la renuncia espinozista a enseñar filosofía resulta también, y quizás más profundamente, de una determinada manera de pensar la relación de la filosofía con su método. La investigación filosófica supone la adopción de un dispositivo esencialmente monológico y reflexivo, incompatible con las exigencias retóricas y argumentativas de cualquier enseñanza.

2. Spinoza y Descartes. La cuestión del método y sus implicaciones en la expresión literaria y en la enseñanza de la filosofía

Significativamente, es esa misma concepción del método filosófico la que está en la base de la forma literaria de exposición del sistema que Spinoza elegirá. Forma en la que, de modo similar, no se vislumbra procedimiento retórico o intención dialógica. De hecho, la exposición "more geometrico" de su Ética es quizás el más elocuente ejemplo de toda la historia de la filosofía de una forma de expresión filosófica que, estableciendo los principios definitorios de los cuales todas las propiedades pueden ser posteriormente deducidas, se ofrece en su luminosidad interna como establecimiento y exposición arquitectónica de la propia verdad, expresión de una sabiduría que se basta a sí misma y que por tanto rechaza, por su abstracta transparencia, cualquier efecto persuasivo, polémico o de deslumbramiento.

A este nivel, la comparación con Descartes es extremadamente esclarecedora. Aunque Descartes, como Spinoza, vea en la demostración geométrica, al estilo de los *Elementos de Euclides*, el modelo ideal de verdad filosófica, el hecho es que, en las *Meditaciones Metafísicas* —forma literaria por él elegida para la exposición de su metafísica[2]—. Descartes sigue un orden analítico de demostración[3], diametralmente opuesto al régimen sintético adoptado por el autor de la Ética.

[2] Cf. Descartes 1964, IX, pp. 121-123.

[3] Orden que es también la del *Discurso del Método* pero que no es la de los *Principios de Filosofía*. Sobre la utilización cartesiana del orden analítico y sintético, véase la obra clásica de Guéroult (1953, 22-29).

Se trata obviamente de una barrera que se traduce en un posicionamiento metodológico diferente entre los dos autores: Descartes empeñado en un proyecto de legitimación que pretende construir desde el punto de vista de las exigencias de una "ratio cognoscendi"; Spinoza decisivamente situado en el punto de vista de la "ratio essendi", determinado por el establecimiento y exposición del sistema de dependencia real de las cosas, en sus fundamentos lógicos y ontológicos.

Pero también es un conflicto que se deriva de un modo diferente de pensar la relación de la filosofía con su comunicación y enseñanza. En efecto, el método sintético adoptado por Spinoza en la Ética, método que es, él mismo, expresión del modo metafísico de explicación y producción de las cosas a partir de su causa sustancial, sirve para establecer el sistema de una ciencia ya constituida. Es decir, para exponer la verdad, aunque, como significativa y explícitamente observa Descartes, "no satisfaga el espíritu de aquellos que quieren aprender porque no enseña el método por el cual la cosa fue inventada" (Descartes, 1964: AT IX 122, subrayados nuestros). Por el contrario, el método analítico que Descartes utiliza sólo aparentemente tiene la forma de una meditación solitaria. Es, desde el principio, un procedimiento retórico[4] —diría incluso, didáctico— que pretende, en última instancia, convertir a la filosofía, promover la iniciación de un alma por otra, enseñar, por el ejemplo que ofrece, el desarrollo de una reflexión concreta. Como Descartes escribe en su célebre pasaje de las *Respostas* às *Segundas Objecções*;

> El análisis muestra la verdadera vía por la cual una cosa fue metódicamente inventada y hace ver cómo los efectos dependen de las causas de tal manera que, si el lector la quiere seguir y proyectar la mirada cuidadosamente sobre todo lo que ella contiene, no entenderá con menos perfección la cosa así demostrada, ni la hará menos suya que si, él mismo, la hubiera inventado... Yo seguí la vía analítica en mis Meditaciones porque me parece ser la más verdadera y la más propia para enseñar. (Descartes, 1964: AT, IX 121-122, cursivas nuestras).

En el desarrollo de sus *Meditaciones*, Descartes (que, como Spinoza, no fue profesor de filosofía[5]) tiene siempre al otro en el horizonte de su escritura —como lector particular desea invitar a la reconstrucción que por sí mismo puede hacer de la verdad expuesta, "como si él mismo la hubiera inventado"—; quiere como espectador de una narrativa en la que el autor da cuenta de un itinerario que fue

---

[4] Sobre esta cuestión, cf. Gouhier (1955).

[5] De hecho, como en general sucedió con casi todos los filósofos modernos, ni Descartes, ni Spinoza fueron profesores de filosofía en instituciones públicas u otras. Sin embargo, se sabe que, a título particular y privado, ambos tuvieron algunas experiencias de enseñanza; Descartes pretendiendo enseñar su filosofía a la princesa Elizabeth y escribiendo los *Principios de Filosofía* (1644) con el objetivo de escribir un manual escolar; Spinoza haciendo exposiciones de su doctrina en círculos cerrados y restringidos de amigos y escribiendo para su alumno Cesarius una obra didáctica sobre la filosofía de Descartes, los *Principios de la Filosofía de Descartes* (1663).

el suyo, que pueda ser también el del lector; ambiciona como conciencia indivi-dual a quien fuese necesario presentar el método que pueda permitir a cualquier hombre liberarse del error y alcanzar la verdad; pretende como interlocutor, "per-sonas de espíritu y doctrina" (Descartes, 1964: AT, VII: 10), a quien Descartes envía sus *Meditaciones* y a quien solicita el examen, la crítica y la refutación de su escrito, antes incluso de publicarlo (publicación que, como es sabido, sólo vendrá efectivamente a autorizar después de la recepción de esas objeciones y conjun-tamente con ellas y sus respectivas respuestas); persigue todavía como anónima entidad de quien Descartes recibió en tiempos pasados opiniones que aceptó como verdaderas y que, una vez en la vida, se aplicó a destruir metódicamente; anhela finalmente como adversario cuyos argumentos importan polémicamente refutar (como es el caso de Aristóteles y Santo Tomás) o cuyas razones son nece-sarias prever, comprender y anticipadamente hacer inviables (como en el caso de Montaigne y de los escépticos en general).

Por el contrario, Spinoza puede prescindir de cualquier confrontación polé-mica (por ejemplo, con el escepticismo) así también considerar la obligación de intentar transformar la filosofía, enseñar un método o persuadir sobre una doc-trina. Porque la verdad, en última instancia, no es una creación humana sino un pensamiento divino y, como tal, solo puede ser interna y directamente percibida por cada uno en la soledad meditativa en su relación con lo absolutamente infi-nito que es Dios, el cual y por el cual todo es y puede ser concebido.

Aunque ambos autores nos han legado sistemas filosóficos que procuran fun-darse en verdades evidentes y necesarias, susceptibles de ser racionalmente reco-nocidas como tal por todos los humanos, Spinoza no siente necesidad de asegu-rarse del efectivo reconocimiento de esas verdades por su auditorio[6]. Escribe y, por tanto, aspira a ser entendido. Pero se niega a enseñar…

Si, en Descartes, la estructura de la enseñanza está presente en forma de expo-sición, es decir, si Descartes está atento a la perspectiva de la recepción de su dis-curso, entonces conoce los límites y circunstancias de diverso orden que pueden impedir o perturbar el claro reconocimiento de la verdad. Considera la existencia de "hombres que se equivocan al razonar, incluso en los más simples temas de geometría" (*Discurso do Método*, IV). Por el contrario, Spinoza está firmemente colocado en la perspectiva de la producción. Lo que le importa es establecer la verdad, exponerla, dejar que ella especularmente se exprese en su discurso. No le interesa saber si fue realmente reconocida como tal por el lector. Menos aún con-sidera ser su deber adaptarse a las limitaciones de su auditorio, tener en cuenta sus contingencias, deficiencias o incapacidades[7].

---

[6] En ese sentido, el texto de la *Ética* de Spinoza sería la respuesta ideal a las exigencias estilísticas de las filosofías del racionalismo clásico y la forma más paradigmática de oposición al racionalis-mo retórico. Cf. Perelman (1970: 222-227).

[7] Se nota que cuando a veces Spinoza se dirige directamente al lector en la Ética, interrumpiendo por tanto la línea demostrativa, él pretende apenas aclarar mejor un punto ya establecido. Cuanto

Por ello, podemos aceptar a Spinoza como ejemplo —y quizá como modelo paradigmático— de una concepción monológica del método de la filosofía en la que, a su vez, se funda una manera, digamos especular, de pensar la relación de la filosofía con su expresión literaria. Y, por último, todo ello tiene como consecuencia la condena de la enseñanza de la filosofía.

3. Enseñanza de la filosofía y el auditorio real

Se trata de una posición que, paradójicamente, recoge la concordancia de muchos profesores de filosofía. Enseñar filosofía es entonces desvirtuar la actividad reflexiva. Es comprometer su carácter esencialmente monológico. Es abandonar la persecución solitaria de la verdad sustituyéndola por una práctica. Aun cuando rechaza la consternación propia del enfrentamiento dialógico de posiciones opuestas, la imprevisión de una perspectiva diferente que se presenta en forma de una objeción, el contra-argumento, el comentario o la simple pregunta, es decir, aun cuando asume una forma rígidamente expositiva, tiene que orientarse por reglas discursivas. Y a ello también le suma la necesidad de adoptar procedimientos argumentativos extraños a las exigencias de la singularidad meditativa del filosofar. En síntesis, según esta posición, enseñar filosofía implica atender a la naturaleza del auditorio real al que el discurso filosófico se dirige, tener en cuenta sus circunstancias y límites y, más grave aún, dejarse de alguna manera modelar por ellos.

Por un lado, en la escritura, el filósofo es libre de determinar los límites de interpretación del texto, imponiéndole su propio ritmo, construyéndolo a partir de las exigencias de desarrollo de la verdad, dirigiéndolo a un auditorio no real (de alumnos con mayores o menores limitaciones), sino ideal, de sujetos (especialistas o no) dotados de una racionalidad sin mácula. Por otra parte, en la oralidad que caracteriza el acontecimiento en el aula, se encomienda al filósofo una tarea didáctica que le obliga a adaptar su discurso a los límites e imperfecciones del auditorio concreto al que se dirige. Tarea tanto más gravosa cuanto mayores sean los límites de ese auditorio, su inmadurez, su incultura, su falta de preparación, su ausencia de requisitos previos mínimos, su no motivación para la filosofía, etc.

A partir de una caracterización de las restricciones del auditorio real al que se dirige la enseñanza de la filosofía, es posible argumentar a favor de la no legitimidad de la enseñanza de la filosofía de secundaria, en particular, por el establecimiento de una jerarquía de calidades basada en la evaluación de las condiciones (edad, nivel intelectual, formación cultural y otras) de los alumnos a quienes se

---

más, facilitar al lector la comprensión de la verdad ya expuesta. Pero, en ninguna circunstancia, se plantea en la perspectiva del lector y de sus limitaciones. En las antípodas de cualquier retórica, es al lector a quien compete, como dice Perelman, hacer "un esfuerzo de purificación, de ascesis" (Perelman, 1970: 222) que le permita acceder a la comprensión del texto y, por tanto, a la exposición de la verdad.

imparte esta enseñanza. En la cima, estaría la enseñanza universitaria habiendo aún lugar para distinciones nobiliárquicas internas: la enseñanza a nivel de posgrado sería "más noble" que el grado y, en éste, el de los últimos años más honroso que el de los primeros, etc. En la actualidad, de la misma manera, la enseñanza secundaria sería "menos noble" que la universitaria dadas las nuevas condiciones (edad, nivel intelectual, formación cultural) de los alumnos a quienes se dirige. También aquí habría lugar para jerarquías internas según las cuales la enseñanza de la filosofía a nivel de doce años es más noble que el realizado en los años anteriores. La ruptura pasaría aquí fundamentalmente por el carácter ya optativo de la asignatura de filosofía en el año duodécimo, pues eso implica un auditorio teóricamente más motivado. En este mismo orden de ideas se puede deslegitimar la enseñanza de la filosofía en las áreas técnicas, tecnológicas e incluso científicas, digamos, en las áreas no tocadas por la "gracia" de las humanidades…

Se trata de una apreciación que no se basa en la calidad del trabajo filosófico bien realizado por el profesor, en su competencia o en su firme capacidad reflexiva, las cuales, como se sabe, no están necesariamente vinculadas, ni al grado de enseñanza en que el profesor ejerce su actividad, ni a sus títulos y clasificaciones académicas. Tal apreciación ignora aún de qué modo la enseñanza secundaria de la filosofía puede ser, no sólo más difícil, sino incluso más compleja y exigente que la universitaria. Más difícil en la medida en que el profesor se ve aquí confrontado con la necesidad de no utilizar lenguaje técnico (o de dar inmediatamente el significado de los términos que va introduciendo) y de limitar drásticamente las referencias a la historia de la filosofía. En una palabra, el profesor no se puede hacer valer de su erudición (la cual sería inmediatamente rechazada), ni se oculta detrás de una "especialidad" que, para ser, necesita el reconocimiento equivalente; más compleja y exigente porque, en la enseñanza secundaria, el profesor se enfrenta con frecuencia a aquellas cuestiones decisivas que, más tarde, un alumno universitario olvida, acentúa o ya no se atreve a exponer.

Es justamente basándonos en este tipo de consideraciones, es decir, porque se admite que enseñar filosofía implica una adulteración o, al menos, una contaminación del discurso filosófico por las exigencias de una adaptación didáctica a los límites e imperfecciones de un alumnado particular que muchos profesores de filosofía se sienten con el siguiente dilema: hacerse entender por el auditorio siempre imperfecto de sus alumnos y, entonces, necesariamente tener que simplificar, distorsionar, pasar por encima, escamotear, olvidar, en una palabra, traicionar la filosofía, o no traicionar la filosofía y, aceptar poder no ser entendido.

Dilema que puede conducir, y conduce con cierta frecuencia, a situaciones extremas y paradójicas. En ese caso, el profesor de filosofía se deja de tal modo determinar por lo que considera ser las limitaciones de sus alumnos que totalmente se aleja de la filosofía, manteniendo con ella sólo una relación nominal. Es una situación, desgraciadamente frecuente en la escuela secundaria. Esta circunstancia constituye un terreno fértil para que aparezca una actitud en el profesor capaz de reconfortar su moral frente a la renuncia de una esmerada preparación científica. Es la situación a la que el profesor se va entregando y a la cual, la rutina, la sobrecarga horaria y las adversas condiciones materiales del ejercicio de su profesión tiende a condenarlo.

En el polo opuesto (para no traicionar la filosofía, el profesor acepta no ser entendido) se encuentra en una posición que se puede verificar tanto en la escuela secundaria como en la universidad y que, curiosamente, puede ser asumida tanto por los profesores como por los alumnos. Ahora bien, el buen profesor de filosofía es justamente aquel que no hace ningún esfuerzo para ser entendido y que, finalmente, "no se entiende". El alumno, víctima de un proceso de ofuscación, no por la luz sino por la oscuridad, interpretará, fascinado, el carácter ininteligible del discurso del profesor como la marca de su superioridad y grandeza. En el lado del profesor, tal actitud, puede igualmente servir de tapadera moral, no tal vez por sus carencias científicas o imprevisión filosófica, pero sí para sus dificultades poiéticas en el enfrentamiento con la dimensión del acontecimiento (filosófico) que una clase de filosofía implica. De cualquier modo, en el lado del profesor, esta actitud no puede esconder la arrogancia, la soberbia y el feroz despotismo que la animan. No logra olvidar el previsto goce, por parte del profesor, de los efectos perversos del poder que esa posición automáticamente le confiere y del que él, por deber de oficio, debería tener clara conciencia.

Además de los dos polos expuestos del dilema, otro orden de razones es frecuentemente invocado para justificar la paradójica condenación de la enseñanza de la filosofía por parte de muchos de sus profesores. Es que, sí, como defendía Spinoza, la práctica filosófica supone la libertad de filosofar, independencia frente a doctrinas, circunstancias y determinaciones extrínsecas, entonces, es la escuela en su conjunto la que es condenada —en cuanto realidad institucional, la escuela es considerada como lugar inapropiado para la filosofía—. El buen filósofo sería entonces, no sólo él que se negaba a enseñar, es decir, a hacerse entender por otro público que no el de la razón universal, sino también aquel que se negaba a entrar en la escuela. Aquel que no querría obedecer al discurso doctrinal que toda la escuela tiende a difundir e imponer; que no aceptaría someterse a la disciplinariedad estanca que la escuela ordena y controla desde la producción de los discursos y frente a la cual también ella, la filosofía, no se debería dejar acotar siendo como es, una disciplina que rechazaba en fin toda la gama de limitaciones y dispositivos de selección, organización y sumisión del discurso que, como mostró con acierto Michel Foucault (1971)[8], son constitutivos de la naturaleza de la Escuela.

---

[8] También, cf. Foucault (1975), en particular el capítulo "Les moyens de bon dressement", pp. 172 196.

II. La relación filosofía y enseñanza de la filosofía

1. Cuestiones e hipótesis

Pero, ¿debe la enseñanza de la filosofía ser necesariamente pensada como un segundo momento frente al desarrollo monológico de la elaboración reflexiva? Es decir, ¿cómo un momento originario de lo que supone la existencia previa de una tradición ya constituida? ¿Debe la enseñanza de la filosofía ser necesariamente pensada como un momento secundario y subsidiario de la realización de una investigación particular anterior, del cumplimiento previo de un itinerario filosófico, histórico y subjetivamente recorrido?

O, por el contrario, ¿podrá la enseñanza de la filosofía ser pensada como constitutiva e integrante de la propia filosofía? ¿No debe la enseñanza de la filosofía ser reconocida como proceso específico de producción y comunicación filosófica? Es posible pensar que la comunicación escrita de la filosofía no es un momento segundo frente a lo que sería el momento primero de su elaboración reflexiva, el desarrollo comunicativo de una verdad monológica que, al constituirse como obra, se exteriorizaría y de cierta forma, se degradaría y banalizaría. Al contrario, el lugar propio y más fecundo de la producción filosófica, el espacio heurístico de un esfuerzo creador que encuentra en la escritura su momento pleno de realización y, en la obra, su expresión real, ¿no será posible, paralelamente, pensar la enseñanza de la filosofía como constitutiva e integrante de la propia filosofía? Tanto en términos históricos como institucionales y cognitivos, y desde un análisis que tenga en cuenta los elementos retóricos y pragmáticos que definen los contornos de esa práctica discursiva, ¿no será posible volver a examinar la relación de derivación tradicionalmente establecida entre la filosofía y su enseñanza?

Cabe señalar que esta cuestión, concerniente a la relación de la filosofía con su enseñanza, también puede plantearse en lo que se refiere a la ciencia y a su enseñanza. Vemos correspondencia en la epistemología y en la filosofía de la ciencia contemporánea que, como es sabido, han llamado en varias ocasiones la atención sobre el hecho de que la ciencia es una institución que cada vez piensa menos en la propia naturaleza de la escuela. Thomas S. Kuhn, por ejemplo, mostró con gran claridad de qué modo la ciencia es estructuralmente dependiente de la enseñanza practicada por la institución escolar y universitaria (Kuhn, 1962).

Sin embargo, cabe preguntarse aquí: incluso fuera de la epistemología kuhniana, ¿no será legítimo reconocer la estrecha articulación entre los dos registros? Sin aceptar la perspectiva epistemológica de Thomas Kuhn y todas sus graves implicaciones relativistas, no será necesario reconocer la íntima solidaridad que, de forma decisiva, vincula la construcción del conocimiento científico al mundo de significaciones, expectativas e intereses que, siendo responsables del cierre y de la relativa estabilidad de la teoría, son al mismo tiempo el garante de su coherencia, consistencia y capacidad heurística y que, en gran medida, son posibilitados por la existencia de un sistema de enseñanza? ¿No será hoy indispensable pensar todo ello de nuevo? Reconsiderar el proceso de transmisión de los conocimientos científicos a la luz de la naturaleza fuertemente comunitaria e institucional de la ciencia contemporánea. Y, al reconocerse el carácter constitutivo del proceso de enseñanza en la producción del conocimiento científico, ¿no será necesario ree-valuar la función de la escuela, en particular de la universidad? ¿No será urgente reconocer el papel no meramente reproductor de la escuela (como quiso una cierta crítica vanguardista[9]), sino también su fundamental función cognitiva y heurística? Esta tarea debe llegar desde una reflexión epistemológica e institucio-nal aplicada, que esté atenta a las complejidades educativas como vía de acceder a la comprensión de las características especiales que, en gran parte, definen el régimen discursivo y la naturaleza de los dispositivos cognitivos de todos aquellos que crean y usan la ciencia y su lenguaje.

Nuestra hipótesis de partida es que, si por un lado la enseñanza, como moda-lidad particular del proceso de discursividad científica, depende de una investi-gación previa cuyos resultados pueden ser reproducidos / transmitidos, por otro lado, la investigación estará también (y cada vez más) sometida a los procesos discursivos (comunicación y enseñanza) mediante los cuales fueran instituidos (formulados, defendidos y reproducidos) los consensos teóricos y heurísticos ne-cesarios para la realización de la propia investigación. En otras palabras, como Leibniz habría contestado a Descartes[10], investigación y práctica discursiva, in-vención y comunicación, análisis y símbolo, no son momentos secuencialmente determinados de un proceso lineal único, sino procesos paralelos y recurrentes de una misma tarea: la constitución unitaria (unificada) del saber sólo posible por la explotación diferida y plural de la reciprocidad y correlación entre las dos grandes dimensiones de la actividad racional humana: las órdenes cognitiva y comunicacional.

Se trata de una hipótesis que, según creemos, podría también constituirse como pertinente para el análisis de las relaciones entre la filosofía y su enseñan-za desde que se salvaguarden cuidadosamente las profundas diferencias que se observan entre los procesos de producción del conocimiento en la ciencia y en la filosofía[11]. En este ámbito, no es ciertamente un sinsentido el hecho de que, paralelamente a lo que pasa en el campo de la epistemología, también en corres-pondencia con el problema de las relaciones entre la filosofía y su enseñanza, existen en el pensamiento contemporáneo importantes desarrollos que pueden permitir reexaminar esa relación y contribuir en la delimitación de los diferentes

---

[9] Por ejemplo, Althusser (1970) y Bourdieu & Passeron (1970).

[10] Nos referimos a una célebre anotación de Leibniz al margen de una copia de una carta de Des-cartes a Mersenne de 20 de noviembre de 1629, (Couturat, 1913: 27-28). Para un tratamiento más detallado de esta cuestión, cf. Pombo (1987: 125-133).

[11] Es el caso, por ejemplo, del papel de la tradición y de la historia que desempeñan funciones muy diferentes y se sitúan de modo totalmente diverso en la enseñanza de las ciencias y en la enseñanza de la filosofía

registros en los que tiene que ser pensada. Nos gustaría destacar dos niveles de análisis que nos parecen de importancia decisiva: el nivel histórico-institucional y el nivel de análisis del discurso según las categorías de la retórica y pragmática contemporáneas.

2. Dos niveles de análisis en las relaciones de la filosofía con su enseñanza

A nivel histórico-institucional importaría atender al conjunto de las determinaciones y prácticas discursivas institucionalizadas que caracterizan y acompañan la emergencia y el contexto de la producción filosófica.

Se trata de un nivel de abordaje que exigiría grandes desarrollos - inviables en este contexto - no sólo en el área de la historia de la producción escrita y del comentario textual, como se fueron constituyendo en la tradición filosófica occidental[12] (o, la fueron instituyendo), sino también en lo que se refiere al análisis de las instituciones y de sus regímenes de funcionamiento. En ese sentido, y acompañando de cerca las sugerentes pistas propuestas por el trabajo de Jean François Lyotard en *La Condition Post-Moderne* (1979), se podría mostrar cómo, en oposición a las formas tradicionales (míticas) de transmisión del saber —prácticas milenarias que todas las culturas humanas instituyen y por las que se preservan, conservan y perpetúan, prácticas que suponen la emisión asimétrica de un discurso que, a causa de ello (o en consecuencia) no pretende ser discutido, dialogado, dialectizado, horizontalmente contra-argumentado, sino sólo escuchado, conservado, verticalmente repetido—, surgen en Grecia (o "Grecia" surge con ellas) nuevas formas de transmisión de los saberes (escuela), nuevas formas de utilización del lenguaje que van a estar en el origen (y ya son la consecuencia) de nuevos tipos de saber: fundamentalmente, las matemáticas (justamente, aquello que se puede aprender y enseñar, como recuerda Heidegger[13]) y la filosofía ("con" o "del" magisterio socrático).

Al discurso narrativo, concretamente determinado, que habla del pasado, que tiene en la palabra oral su medio y en la audición su fin y cuya figura paradigmática es la de "el más viejo", va a oponerse un discurso que habla del presente, el discurso demostrativo que se ofrece como encadenamiento de razones legítimamente fundadas (todos las pueden consentir, todos las pueden compartir, todos las pueden refutar...). Un discurso racional que mucho más que traducir una racionalidad emergente, la produce, la instituye en el y por el acto de fijación, respeto y sumisión a las reglas que él mismo crea y fija. Un discurso explicativo, en fin, que expone y se expone, que se vuelve notable, que se pone en signo, que se da a ver por la palabra, es decir, que se enseña.

---

[12] Véase, por ejemplo, la magnífica obra de Pfeiffer (1968).

[13] Cf. Heidegger (1962: 53-56).

En este sentido, por tanto, se podría mostrar de qué modo la filosofía, tal como hoy la conocemos, es el producto (y no la causa) de una larga historia de la cultura escolar. Ella tendría su origen en un conjunto de prácticas discursivas que sólo son posibles dentro de un sistema de maneras y normas de hacer (esto es, maneras de decir), tanto más determinantes en cuanto son invisibles y aparentemente naturales, porque son antiguas y están sólidamente ancladas en la tradición escolar en la que nos situamos y, dentro de la cual, únicamente, podemos pensar.

Sin embargo, a diferencia de Foucault (1971), para quien estas normas (principios de exclusión, ordenación y sumisión del discurso) funcionan como principios de ocultamiento al discurso de aquello que, verdaderamente, importa pensar, nos parece importante subrayar el valor activo, simultáneamente prescriptivo y prospectivo de dichas normas. En la escuela, las cosas transcurren de otro modo. Ella implica (e, instituye) una interacción comunicacional en la que los participantes aceptan un acuerdo tácito con un conjunto de normas que les permiten coordinar sus razones y actos. La escuela supone (y fomenta) el reconocimiento intersubjetivo de las exigencias de verdad y validez de los enunciados; en resumen, ella es uno de los vehículos privilegiados de la comunicación (y producción) del discurso filosófico.

Aquí establecemos el puente para el segundo nivel de análisis que denominamos retórico y en el que nos parece deben inscribirse fundamentalmente los trabajos de Habermas (1981; 1983) sobre el actuar comunicativo y la teoría de la argumentación de la escuela de Perelman (Perelman & Olbrechts-Tyteca, 1958). Tratamos con unas investigaciones que —retomando una inspiración que viene, no de Spinoza o de Descartes (que tienen del lenguaje una concepción meramente instrumental y comunicativa), sino de Leibniz (único autor moderno que comprendió la importancia heurística de la naturaleza simbólica del pensamiento[14])— convergen para el reconocimiento del carácter prospectivo y heurístico del lenguaje y de los contextos de su enunciación.

Si la enseñanza, como la escritura, es primordialmente un trabajo en y sobre el lenguaje, es decir, una práctica discursiva, ¿no será forzoso, en esta perspectiva, reconocer que enseñar (filosofía) no es sólo explicitar lo ya pensado sino encontrar la palabra necesaria para pensar aquello que sólo con ella se deja pensar? ¿Qué enseñar (filosofía) no es un momento segundo frente al desarrollo de la elaboración reflexiva? ¿No será necesario declarar que enseñar (filosofía) es rodear el lenguaje, obligándola a aclarar aquello que por ella (y con ella) únicamente se constituye?

¿No es por eso que todo el acto de enseñanza verdadera (de la filosofía) es un acto de descubrimiento? ¿No es por eso que el acto de enseñar (filosofía) no se

---

[14] Cf. Pombo, 1987 (135-161).

apaga tan fácilmente como podría parecer desde la conciencia del propio saber? ¿No es por eso que, como recordaba Bachelard[15], enseñar es la mejor manera de comprender?

Claro está que escribir es también una manera de descubrir, de buscar la palabra necesaria para que el pensamiento se aclare, se desdoble y piense lo aún no pensado. ¡Hay una heurística de la escritura, tal como hay una heurística del habla! ¡Como Leibniz subrayaba, hay una heurística del lenguaje!

3. Escritura y habla. Pragmática y heurística de la enseñanza de la filosofía

Sólo queda determinar qué es lo que, a través de la enseñanza, hay en el habla más primordial que en la escritura.

En la escritura, el otro, el destinatario, puede ser una invención mía. En el habla, el otro es una presencia concreta, una diferencia radical. En la escritura, todavía puedo argumentar por sí sola, crear un universo de significación y mantenerme rigurosamente siempre en su interior. Dicho de otro modo, la escritura puede ser monológica. Por el contrario, en el habla, el otro es una presencia irrecusable. Si le hablo, es porque pragmáticamente lo reconozco como diferente, es porque anticipadamente preveo (y deseo) ser contrariado o aprobado, porque admito que mi mundo tendrá que esforzarse, que abrirse al contagio y a la diferencia. Sin embargo, a pesar del reconocimiento de esa diferencia radical, si le hablo, es también porque reconozco la existencia de una comunidad de reglas de discurso que ambos respetamos. Si le propongo un discurso es porque le reconozco una misma exigencia de verdad.

No pretendemos que el habla sea "más verdadera" que la escritura, que esté "antes" de la escritura, sea más "próxima" de la presencia plena o de la intimidad reflexiva, concepción que constituye aquello que Derrida considera caracterizar la metafísica tradicional. Podemos incluso reconocer con Derrida la primacía de la escritura frente al habla. Lo que pretendemos es que el habla está, no más cerca de mí, sino más cerca del otro, más determinada por su diferencia y, simultáneamente, más orientada al reconocimiento de la racionalidad comunicativa que une a aquel que habla —sea él el profesor (de filosofía) en el espacio de la clase— a su auditorio —sea él el de los alumnos que se agitan en los lugares que allí (en la clase de filosofía) les están anticipadamente destinados—.

---

[15] "Léon Brunschvicg [...] se sorprendió un día por verme atribuir tanta importancia al aspecto pedagógico de las nociones científicas. Le respondí que yo era sin duda más profesor que filósofo y que, además, la mejor manera de medir la solidez de las ideas era enseñarlas, siguiendo así la paradoja que se oye tantas veces enunciar en los medios universitarios y según la cual, enseñar es la mejor manera de aprender. Eliminando la falsa modestia que posee habitualmente el tono de este dicho, es demasiado frecuente para no tener un sentido profundo" (Bachelard, 1949: 12).

Enseñar no sería entonces subyugar, como pretendieron Barthes o Foucault (y con ellos, toda la crítica vanguardista y desconstructora de la escuela). Enseñar (filosofía) sería, por el contrario, reconocer, más allá de la diferencia, más allá de todas las asimetrías circunstanciales, la identidad de un destino común, una misma exigencia de verdad.

De ahí que tal vez sea posible escapar al desgarrador dilema al que nos referimos sobre el que el profesor de filosofía parecía estar condenado: traicionar la filosofía, o traicionar el auditorio real de sus alumnos.

¿De qué manera? A partir del momento en que el profesor de filosofía comprende (y asume) que enseñar filosofía no implica modelar su discurso por las limitaciones de un auditorio real, dejarse vencer, aceptar anticipadamente la derrota, simplificar, distorsionar, traicionar, abandonar la pureza de su universo de significación en nombre de exigencias comunicativas, pero ser capaz de hablar al otro —sea el alumno que despierta para la filosofía— enfrentar su diferencia, considerar sus limitaciones presentes y, al mismo tiempo, considerarlas como no-impeditivas de su condición profunda y esencial de futuro (y ya posible) ciudadano de un proyecto de auditorio racional universal al que la filosofía —desde su origen— ha buscado hablar y del cual ella misma es el principal integrante.

Referencias bibliográficas

Althusser, Louis (1970). "Ideologia e Aparelhos Ideológicos do Estado", en *La Pensée*, n° 151.

Bachelard, Gaston (1949). *Le Rationalisme Appliqué*. París: PUF.

Bourdieu, Pierre & Passeron, Jean-Claude (1970). *La Réproduction*. Éléments *pour une Théorie du Système d'Enseignement*. París: Minuit, 1970.

Couturat, Louis (1913). *Opuscules et fragments inédits de Leibniz, extraits des manuscrits de la Bibliothèque royale de Hanovre*. Paris: Alcan.

Deleuze, Gilles (1969). *Logique du Sens*. París: Minuit.

Descartes, Rebé (1964-1976). *Respostas às Segundas Objecções, Oeuvres Complètes*, Charles Adam e Paul Tannery (eds.). Paris: Vrin.

Foucault, Michel (1971). *L'Ordre du Discours*. París: Gallimard.

Foucault, Michel (1975). *Surveiller et Punir*. París: Gallimard

Gouhier, Henri (1955). "La résistance au vrai et le problème cartésien d'une philosophie sans rhétorique", en *Retorica e Barrocco*. Roma: Castelli.

Guéroult, Marcial (1953). *Descartes selon l'ordre des raisons*, vol. I. París: Aubier Montaigne.

Habermas, Jürgen (1981). *Theorie des Kommunikativen Handels*. Frankfurt am Main: Suhrkamp Verlag.

Habermas, Jürgen (1983). *Moralbewusstsein und Kommunikativen Handeln*. Frankfurt am Main: Suhrkamp Verlag.

Heidegger, Martin (1962). *Die Frage nach dem Ding*. Tubingen: Niemeyer Verlag.

Kuhn, Thomas (1962). *The Structure of Scientific Revolutions*. Chicago: University of Chicago Press.

Lyotard, J. F. (1979). *La Condition Postmoderne*. Paris: Minuit.

Perelman, Chaïm (1970). *Le Champ de l'Argumentation*. Bruxelles: Presses Universitarias de Bruxelles, pp. 222-227.

Perelman, Chaïm & Olbrechts-Tyteca, Lucie (1958). *Traité de l'Argumentation*. Paris: PUF.

Pfeiffer, Rudolf (1968). *History of Classical Scholarship. From the Beginnings to the end of Hellenistic Age*. Oxford: Clarendon Press.

Pombo, Olga (1987). *Leibniz e o Problema de uma Língua Universal*. Lisboa: JNICT.

Spinoza, Opera (1972). *Auftrag der Heidelberger Akademie der Wissenschaften*. Von Carl Gebhardt (hrsg.). Heidelberg: Carl Winters Universitaetsbuchhandlung, 4 Baende.

ArtefaCToS. Revista de estudios de la ciencia y la tecnología
eISSN: 1989-3612
Vol. 7, No. 1 (2018), 2ª Época, 191-194

Reseña

Scerri, Eric (2016). *A Tale of Seven Scientists and a New Philosophy of Science*. New York: Oxford University Press. 264 páginas

Recibido: 23/11/2017. Revisado: 05/12/2017. Aceptado: 15/12/2017

Bernard de Chartres afirmó en el siglo XII que somos enanos a hombros de gigantes. Más de medio milenio más tarde, Isaac Newton utilizó esta misma expresión para mostrar su modestia ante los elogios recibidos por parte de su par Robert Hooke: "Si he logrado ver más lejos, ha sido porque he subido a hombros de gigantes", le dijo. Actualmente la expresión es bien conocida, e incluso se ha convertido en el eslogan de uno de los motores de búsqueda de literatura científico-académica más utilizados. No obstante, su significado está abierto a interpretaciones, variando en función de qué agentes consideremos que entran dentro de la categoría de "gigantes". Aplicándolo al caso concreto de la ciencia, la frase podría tener dos significados principales. El primero, más elitista, nos llevaría a interpretar que el conocimiento científico avanza gracias al legado que nos han otorgado los grandes genios de la ciencia (los "gigantes"). El segundo, de carácter más horizontal, tomaría a esos "gigantes" como una metáfora del esfuerzo conjunto aportado por toda la comunidad científica; un esfuerzo gracias al cual las grandes figuras han podido elevarse a la hora de generar nuevo conocimiento.

El objetivo de *A Tale of Seven Scientists and a New Philosophy of Science* es precisamente defender la última de las interpretaciones anteriormente presentadas. Situando su narrativa en los comienzos del siglo XX, en el contexto de la disputa acerca de la configuración electrónica de los átomos, Eric R. Scerri (1953, Malta) trata de mirar "beyond all the apparent diversity in scientific work and the many contributions by numerous individuals in order to present a unified picture of the underlying forces at play" (p. xxiv-xxv); las fuerzas emanadas de los "científicos de a pie" (*the "little people"*) a los que la historia de la ciencia no les ha brindado el crédito merecido. De este modo, y a través del estudio de caso de siete científicos "olvidados", la obra nos ilustra cómo el conjunto de la ciencia evoluciona de manera más continuada de lo que habitualmente creemos. De forma similar a como lo hacen las entidades biológicas, la ciencia avanzaría guiada por una racionalidad o naturaleza "orgánica" cuya fuente motriz y primigenia es el trabajo realizado por todos los científicos y científicas de "a pie"; incluyendo aquellos que, aun habiendo aportado su dosis de ciencia, no han recibido el don del reconocimiento. Esta tesis vendría en última instancia a reforzar la necesidad de reflexionar sobre el modo en que se (re)construye y comunica la historia de la ciencia, así como de reconsiderar la oportunidad de desarrollar una "nueva" filosofía de la ciencia.

El libro se inicia con dos breves prólogos y una pequeña introducción a la biografía de su autor. Mientras que los prólogos ofrecen dos breves análisis del contenido general de la obra, la introducción autobiográfica nos sitúa ante el proceso de descubrimiento y de andadura académica del propio Scerri por la Historia de la Química y la Filosofía de la Ciencia. Seguidamente, y conformando el núcleo central del trabajo, nos encontramos con nueve capítulos: uno introductorio, siete dedicados al estudio de siete autores "olvidados" y un capítulo final en el que se extraen las principales conclusiones. Dentro de la categoría de "autores olvidados" entrarían todos aquellos científicos cuya contribución al conocimiento resultó de gran importancia a la hora de que las grandes figuras de la ciencia (tales como Niels Bohr, Wolfgang Pauli o Henry Moseley) lograsen llegar a las conclusiones que les reservaron un lugar privilegiado dentro de la historia. Los siete "eslabones perdidos" de la historia de la ciencia (*"missing links"*) en quienes Scerri decidió focalizar su análisis son: John Nicholson, Anton van den Broek, Richard Abegg, Charles Bury, John D. Main Smith, Edmund Stoner y Charles Janet.

Más allá del interés histórico que la obra puede suscitar, convendría centrar nuestra atención en los *principios que definen la filosofía general de la ciencia* que en ella se nos presenta y en la *metodología* empleada para su fundamentación. Dos son las hipótesis principales respecto a la actividad científica que se hayan presentes en el transcurso del trabajo: (i) que el avance de la ciencia puede -y debe- ser entendido desde una perspectiva orgánica o "evolutiva", y (ii) que los aportes realizados por los científicos menos (re)conocidos resultan de especial relevancia para el avance de la ciencia, tan importantes como el de las grandes figuras.

Desde el punto de vista *metodológico*, el hecho de que tanto (i) como (ii) sean extraídas y pretendidamente ilustradas a partir del análisis de los casos específicos de los siete científicos anteriormente mencionados, nos sitúa ante el primer punto crítico destacable del trabajo: el gran salto inferencial realizado a partir de una muestra considerablemente limitada. A pesar de que los hallazgos provenientes de la Historia, así como otras disciplinas empíricas que tienen como objeto la ciencia (como la Sociología o la Psicología) son un recurso que ha de ser tenido en cuenta a la hora de reflexionar sobre los aspectos filosóficos de la actividad científica, cabría considerar las limitaciones de los juicios universales realizados a partir de ellos. En este sentido, cabría cuestionarse primeramente de qué manera estos siete casos son una muestra significativa de lo que sucedió no ya sólo dentro del campo específico de la Química y/o de la Física del siglo XX, sino también y más bien en otros periodos de la historia de la ciencia y en el resto de disciplinas.

Por otro lado, resulta llamativo que se pretenda motivar una "nueva" filosofía de la ciencia en base a los resultados obtenidos de las prácticas realizadas del siglo pasado. No obstante, cabría admitir que el carácter de novedad lo dotan los contenidos y principios sobre los que se sustenta el modelo filosófico y que los casos históricos tienen un carácter meramente ilustrativo.

Desde el punto de vista del contenido de los *principios que definen la filosofía general de la ciencia* los puntos críticos vienen dados en su fundamentación. Scerri afirma con respecto a la hipótesis (i), y en contra de las imágenes clásicas del progreso científico, una visión "more organic and less isolationist, more guided by blind chance and evolutionary forces than by human rationality" (p. 172). Como alternativa a la visión del progreso científico revolucionario defendida por Thomas Kuhn en *La estructura de las revoluciones científicas* (1962) y de las concepciones teleológicas de la ciencia que orientan su avance hacia una "Verdad", el autor maltés pretende defender una concepción de la ciencia definido principalmente por las siguientes cuatro notas características: (a) sustentada en una concepción del avance de la ciencia anti-revolucionaria y progresiva pivotante en una epistemología evolutiva de la ciencia, (b) desarrollada bajo una perspectiva holista (presupone una la unidad de la práctica científica), (c) adherida al individualismo metodológico (son los individuos concretos y sus inercias quienes provocan el avance orgánico de la ciencia) y (d) no-teleológicamente orientada en términos de verdad. Todo ello implica que para Scerri la ciencia, aun cuando parezca fragmentada, tomada en su conjunto puede ser estudiada como un organismo vivo que evoluciona y progresa "desde dentro" gracias a la continua reparación de errores y a los descubrimientos propiciados por la persistencia y el trabajo que realizan los diferentes individuos que forman parte de la comunidad científica. Del mismo modo que las abejas trabajan de manera colectiva por el bien de la colmena, cada científico, independientemente de su estatus social dentro de la comunidad, trata de aportar lo mejor de sí por el bien de la ciencia. Tal y como se refleja en la cita anterior, resulta importante destacar también que esta fuerza que mueve a la ciencia "desde dentro" no se encuentra para el autor maltés únicamente gobernada por la lógica y la racionalidad pura, sino que también por factores subjetivos y clásicamente considerados como irracionales (emociones, intereses, etc.).

Con independencia de que cada uno de estos cuatro puntos que perfilan la "nueva" filosofía general de la ciencia puedan ser individualmente objeto de debate, el mayor problema de esta caracterización se haya en su falta de justificación filosófica. Scerri no caracteriza ni justifica en ningún momento en términos precisos los elementos básicos que definen su concepción, carencia que es especialmente significativa en lo relativo a su epistemología evolutiva de la ciencia. La utilización de conceptos tales como "orgánico", "avance" o "evolutivo" sin la expresión previa de su sentido hacen que su discurso se vea envuelto en un halo de generalidad y baja rigurosidad. Si bien ello hace que este sea fácilmente entendible en términos intuitivos y que resulte sencillo coincidir con él en muchas de sus conclusiones, la ambigüedad deja abiertas muchas cuestiones relevantes desde el punto de vista argumentativo.

Asimismo, las *motivaciones* que llevan a Scerri a decantarse por una epistemología de la ciencia evolutiva parecen estar asentadas sobre una confusión conceptual. El autor maltés propone su epistemología evolutiva como una *alternativa* a la visión revolucionaria. Esta última fomentaría a su juicio la tesis contraria a (ii), esto es, el ensalzamiento de los considerados grandes autores de la ciencia en detrimento de los "científicos de a pie" (pues serían los primeros quienes generan un cambio de rumbo en la ciencia). Si bien concuerdo con la conclusión general que afirma que es necesario repensar el modo en que representamos la historia de la ciencia promoviendo una perspectiva más detallada sobre las dinámicas de la generación del conocimiento y de interacción de sus agentes, opino que esta tarea es posible desarrollarla inclusive dentro del marco inicial kuhniano del progreso científico. Dicho de otro modo, es posible llegar a la misma conclusión partiendo de otras premisas: en mi opinión, no resultaría inconsistente desde el punto de vista lógico congeniar una epistemología evolutiva de la ciencia con una teoría del conocimiento científico que reconozca la existencia histórica de *cambios de paradigma* y que parta desde un individualismo metodológico que reconozca la labor de todos los individuos que forman parte de la comunidad científica, inclusive en las revoluciones.

Con todo, *A Tale of Seven Scientists and a New Philosophy of Science* resulta una obra que podría resultar de gran interés para un amplio espectro de públicos. Desde historiadores o filósofos de la ciencia hasta docentes, investigadores u otras personas interesadas ya sea en la historia del descubrimiento y debate en torno a cómo los electrones se encuentran distribuidos alrededor del núcleo atómico, ya en la reflexión general del progreso científico. Más allá de la controversia que el libro pueda presentar en lo relativo a su metodología y fundamentación filosófica, este encuentra su valor principal en la reivindicación de la necesidad de realizar una "nueva" filosofía e historia general de la ciencia. Una historia y filosofía de la ciencia que, lejos de ensalzar a las grandes figuras de la ciencia y de proponer modelos del progreso científico rupturistas o teleológicamente orientados de manera unidireccional hacia una verdad "externalista", naturalice y no distorsione o "sobreintelectualice" los procesos del descubrimiento científico, así como atienda a los aspectos orgánicos, evolutivos y comunitarios que sustentan la labor constructiva de uno de los mejores conocimientos de los que puede valerse el ser humano a la hora de comprender y configurar el universo en el que habita.

Sergio URUEÑA LÓPEZ
Universidad del País Vasco UPV/EHU
sergio.uruena@ehu.eus

www.ingramcontent.com/pod-product-compliance
Lightning Source LLC
Chambersburg PA
CBHW081558220526
45468CB00010B/2684